赤池弘次 博士

略歴
1927年	静岡県富士宮市生まれ
1952年	東京大学理学部数学科 卒業
	統計数理研究所 入所
1961年	理学博士（東京大学）
1962-1973年	統計数理研究所 第一研究部第二研究室長
1973-1985年	統計数理研究所 第五研究部長
1985-1986年	統計数理研究所 予測制御研究系 研究主幹
1986-1994年	統計数理研究所長
1988-1991年	日本学術会議 会員
1988-1994年	総合研究大学院大学数物科学研究科 教授
1994年	統計数理研究所 名誉教授
1994年	総合研究大学院大学 名誉教授

主な受賞と栄誉
1972年	石川賞，（財）日本科学技術連盟
1980年	大河内記念技術賞，大河内記念会
1989年	1988年度朝日賞，朝日新聞
1989年	紫綬褒章（日本）
1996年	第1回日本統計学会賞，日本統計学会
2006年	第22回京都賞（基礎科学部門），（財）稲盛財団

Mar '71
15
MV

If we postulate $W = diag(A - \bar{F}\bar{F}')$

$\rightarrow$ MINRES & W-modification (?)

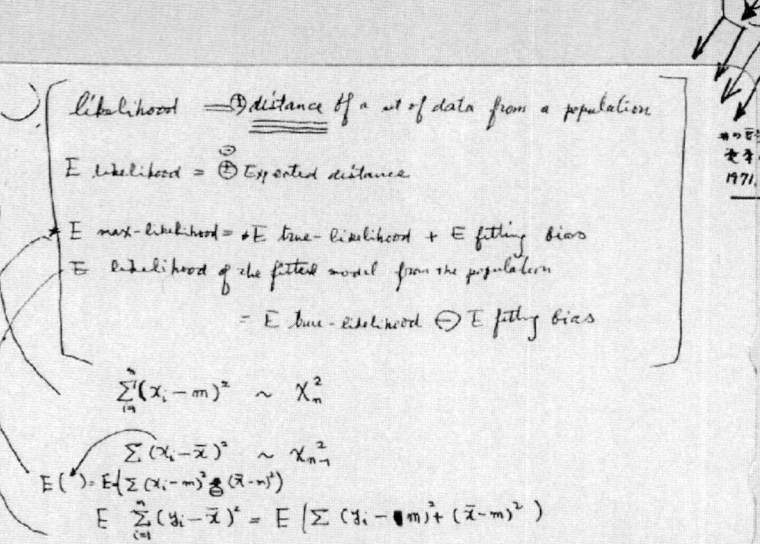

likelihood $\Rightarrow$ distance of a set of data from a population

E likelihood = $\oplus$ Expected distance

E max-likelihood = $+$ E true-likelihood $+$ E fitting bias

E likelihood of the fitted model from the population
    = E true-likelihood $\ominus$ E fitting bias

$$\sum_{i=1}^{n}(x_i - m)^2 \sim \chi_n^2$$

$$\sum(x_i - \bar{x})^2 \sim \chi_{n-1}^2$$

$E(\ ) = E\{\sum(x_i - m)^2\} \ominus (\bar{x}-m)^2\}$

$E\sum_{i=1}^{n}(x_i - \bar{x})^2 = E\{\sum(x_i - m)^2 + (\bar{x}-m)^2\}$

AICを思いついたときの赤池博士のメモ（1971年）

研究室の赤池博士
(統計数理研究所, 1960年代)

セメント焼成炉の傍らに
立つ赤池博士 (右)

ハーバード大学訪問中の
赤池博士 (1978年)

左より、權島祥介、北川源四郎、甘利俊一、赤池弘次、光子夫人、広中平祐、室田一雄、下平英寿、土谷隆の各氏
(第22回京都賞受賞記念シンポジウムの折に、2006年11月12日、於 国立京都国際会館)

赤池情報量規準 AIC

Akaike Information Criterion

―モデリング・予測・知識発見―

著者―赤池弘次
甘利俊一
北川源四郎
樺島祥介
下平英寿

編者―室田一雄
土谷　隆

共立出版

はじめに

　赤池弘次博士は，1970年代初頭，汎用性と情報数理的な裏付けをもった，簡明にして実用性の高いモデル選択の規準として情報量規準 AIC (Akaike Information Criterion) を提唱し，データの世界とモデルの世界を結びつける画期的な新しいパラダイムを打ち立てることに成功した．そしてこの業績により，平成18年11月に第22回京都賞（基礎科学部門）を受賞された．

　本書は，赤池博士の業績と受賞を記念し，さらに，博士によって切り拓かれた情報量に基づく知的情報処理の分野の諸側面と最先端の成果を紹介することを目的として，企画されたものである．各章は，赤池博士自身の京都賞受賞記念講演会（平成18年11月11日，於 国立京都国際会館）での講演，そして受賞を記念して開催されたシンポジウム『モデリング・予測・知識発見 — 情報量規準が拓いた世界』（平成18年11月12日，於 国立京都国際会館）における，赤池博士と4名の講演者，甘利俊一氏（理化学研究所脳科学総合研究センター長），北川源四郎氏（統計数理研究所長），樺島祥介氏（東京工業大学大学院知能システム科学専攻教授），下平英寿氏（東京工業大学大学院数理・計算科学専攻准教授）の講演を元にして構成されている．我々編者はシンポジウムの企画を担当した．

　赤池博士は昭和2年に静岡県富士宮市に生まれ，海軍兵学校に入学，そして終戦をはさんで第一高等学校を経て東京大学に進み，昭和27年に同大学数学科を卒業，統計数理研究所に入所した．統計数理研究所には平成6年まで42年間の長きに渡り在職し，特に昭和61年4月より平成6年3月までは所長を務め，その間に，紫綬褒章，朝日賞をはじめとする多くの賞を受賞し，IEEE

や Royal Statistical Society, American Statistical Association などのフェローに列せられてきた．

　赤池博士の受賞理由は「情報量規準 AIC の提唱による統計科学・モデリングへの多大な貢献」である．膨大なデータから，現象を理解したり予測したりするためには，モデルを構築してそれをデータに当てはめることが有効である．そして，有効な情報抽出のためには，簡単すぎることもなく複雑すぎることもない「適切な複雑さのモデル」を選択して用いることが重要である．しかし，各モデルのデータへの当てはまり具合いを単純に数値的に測ると，見かけ上は複雑なモデルほど当てはまりが良くなり，比較が意味をなさない．このため，適切な複雑さのモデルを選ぶための合理的で有用な手法は長いこと存在しなかった．これはデータの世界とモデルの世界を結びつける上での根本的な問題であった．

　そのような状況の中，赤池博士は，情報量規準 AIC を提案し，データの世界とモデルの世界を結びつける上で画期となる，新しいパラダイムを打ち立てることに成功したのである．AIC は統計科学の研究成果として生み出されたものではあるが，モデルの複雑さを初めて定量化し，モデル選択という枠組みの有効性を提示することに成功した点で，情報理論，学習理論，制御理論など，数理科学の広範な分野に大きな影響を与えた．一方，「モデルの良さを情報量規準 AIC で比較することでデータから有効な情報が抽出できる」という思想は，科学・工学の諸分野でさまざまなモデルを発展させ，新たな知見を得たり複雑な現象を予測したり制御したりする上での原動力となってきた．特に，分子進化，地震統計などの分野では，AIC による推論は分野全体の進展にも大きな影響を及ぼした．今回の京都賞の先端技術部門の受賞者であるレナード・アーサー・ハーツェンバーグ博士も，受賞対象となった一連の研究の中で AIC を用いている．これも，AIC の適用範囲の広がりを示す良い例であろう．

　AIC を引用している論文はすでに 7000 を超え，現在もうなぎのぼりに増加し続けている．また，その引用分野も多方面に跨るものである．数理科学の分野において，これだけ息が長く，広範囲に大きな影響を与え続けている仕事は稀である．

　赤池博士は，繰糸過程の解析，自動車の運動特性の解析，セメントキルンの制

御，火力発電所の制御，船舶のオートパイロットなど，実際の問題を，主として時系列解析の立場から適切なモデリングによって解決する研究を続け，日本の工業の復興と共に歩み，AIC という偉大な成果を生み出した．そしてその過程において，種々の工業プラントの統計的制御の実用化，多変量時系列解析における時間領域でのモデリング手法の開発，時系列解析ソフトウェア TIMSAC の開発・普及等，多くの業績を挙げてきた．

AIC 提唱後 1980 年代初頭にいち早くベイズモデルの重要性を見抜き，その情報量統計学の立場からの実用化に貢献したことも特筆すべき業績である．特に 20 年以上たった現在，知的情報処理諸分野でのベイズモデルの隆盛を観るとき，その慧眼には驚きを禁じ得ない．

赤池博士は，科学や工学の現場の実際の問題を本当に大切にしてこられた．そして，それらを現場の技術者や科学者たちと共に解決しながら，問題意識を発展させ，さらに，深い哲学的・数理的洞察に基づいて，統計科学・情報科学・数理科学・工学に跨る分野で偉大な業績を挙げられた．その成果は，学問の世界の中に留まるものではなく，人類の福祉や社会の発展に，より直接的に資するものでもある．我々編者は，記念講演会やシンポジウムでの赤池博士の講演を拝聴し，人間の科学的営みの世界を縦横無尽に駆け巡った博士の研究の幅の広さ，スケールの大きさ，奥深さに触れ，改めて深い感銘を受けた．このような，赤池博士の研究成果は，博士ご自身の我々の想像もつかない厳しいご努力の賜物であることはいうまでもないが，数理科学を志す多くの学究が憧れ理想とするところであろう．

本書が，研究への夢や希望を絶やすことなく灯し続ける上での座右の書として，あるいは自らの研究を省みる上での一つの道標として，そして，数理科学のあり方，科学技術の行く末を考える上での端緒として，広く受け入れられれば幸いである．

最後に，京都賞を主宰し，本書の企画にも快く全面的にご協力いただいた稲盛財団に，心より感謝の意を表したい．

室 田 一 雄

土 谷 　 隆

京都賞（きょうとしょう）は，京セラ㈱創業者の稲盛和夫氏が1984年に設立した稲盛財団により運営されている国際賞である．科学や文明の発展，また人類の精神的深化・高揚に著しい貢献をした人々に与えられる．1985年の第1回以来，毎年，先端技術部門，基礎科学部門，思想・芸術部門（第15回までは精神科学・表現芸術部門）の各部門に1賞，計3賞が贈られている．受賞者にはディプロマ（賞状）・京都賞メダル（20K）・（1部門に対して）賞金5000万円が贈呈される．

　受賞者は国内外の有識者によって推薦された候補者の中から，3段階からなる京都賞審査機関によって厳正に選出される．対象は原則として個人だが，複数名の受賞例もある．国籍・人種・性別・年齢・信条などは問わない．受賞者の発表は毎年6月，授賞式・関連行事は11月に京都で行われている．

　赤池博士が受賞された基礎科学部門（数理科学）の過去の受賞者は，シャノン（第1回），ゲルファント（第5回），ヴェイユ（第10回），伊藤清（第14回），グロモフ（第18回）である．また，カルマン（第1回）やクヌース（第12回）などは先端技術部門の受賞者である．これら歴代受賞者の顔ぶれからも，本賞の重みがうかがわれる．

　なお，第22回の京都賞の他部門の受賞者は，レナード・アーサー・ハーツェンバーグ博士（先端技術部門），そして三宅一生氏（思想・芸術部門）であった．

目　　次

第 I 編　　　　　　　　　　　　　　　1

第 1 章　物の動きを読む数理──情報量規準 AIC の導入とその効果
（赤池弘次）　2

はじめに 2
1.1　生い立ち 2
1.2　予測の数理 3
　　1.2.1　確率 3
　　1.2.2　確率と統計の繋がり 4
1.3　実際問題への適用 5
　　1.3.1　生糸繰糸工程の統計的管理 5
　　1.3.2　パワースペクトルの推定 6
　　1.3.3　周波数応答関数の推定 7
　　1.3.4　生産プロセスの最適制御 8
　　1.3.5　自己回帰モデル 8
　　1.3.6　最適制御の実現 10
1.4　尤度の解明 12
　　1.4.1　尤度とは？ 12
1.5　情報量規準 13
　　1.5.1　情報量 13

	1.5.2 パラメータを含むモデル	*13*
	1.5.3 AIC	*14*
	1.5.4 AICの発表	*14*
	1.5.5 情報量規準導入の効果	*15*
おわりに		*16*

第2章 統計的推論とモデリング　　（赤池弘次）　*18*

はじめに		*18*
2.1	情報量の二つの側面	*19*
	2.1.1 推論の時間的展開の視点とAIC	*20*
2.2	モデルの利用の実態	*20*
	2.2.1 無駄な複雑性の排除と有効性の確認	*21*
2.3	脳の働きとしてのモデリング	*23*
	2.3.1 物の見方とピークシフトの機能	*23*
2.4	イメージとモデルの関係	*25*
	2.4.1 イメージと意図	*25*
	2.4.2 姿から動きを読む	*26*
	2.4.3 複雑さの低減と有効性の確保	*29*
	2.4.4 情報データ群の利用	*30*
おわりに		*31*
参考文献		*32*

第3章 赤池弘次　著書・論文目録　*33*

第I編 索引　*49*

第 II 編　*51*

第1章 赤池情報量規準AIC ── その思想と新展開　（甘利俊一）　*52*

はじめに		*52*
1.1	赤池情報量規準AICが統計科学にもたらしたもの	*53*

	1.1.1 数理統計学の古典的枠組み	53
	1.1.2 モデル選択	55
	1.1.3 赤池情報量規準 AIC	56
1.2	AIC の導出と一般的な考察	58
	1.2.1 AIC の導出	58
	1.2.2 データ数とモデルの複雑さ	61
1.3	AIC をめぐって	64
	1.3.1 真の分布はどこにあるのか	64
	1.3.2 AIC のばらつきと階層モデル	65
	1.3.3 一致性	65
	1.3.4 他の損失関数	66
1.4	AIC をめぐる論争	66
	1.4.1 ベイズ情報量規準 BIC	67
	1.4.2 ベイズ推論	68
	1.4.3 記述長最小規準 MDL	68
1.5	AIC と MDL はどちらが良いのか——不毛な論争をふり返って	70
1.6	特異構造をもつ階層統計モデル族	72
	1.6.1 特異分布族の例	72
	1.6.2 特異分布族の幾何構造	72
	1.6.3 他の特異分布族	73
	1.6.4 特異モデル族の AIC	75
	1.6.5 ベイズ推論と特異構造	76
	1.6.6 特異モデル上での学習（逐次推定）	77
参考文献		77

第 2 章　情報量規準と統計的モデリング　　（北川源四郎）　79

はじめに		79
2.1	情報量規準 AIC	80
	2.1.1 統計的モデルの評価	80
	2.1.2 情報量規準 AIC の誕生	82

　　　　2.1.3　情報量規準をめぐる議論 *83*
　　　　2.1.4　いろいろな情報量規準 *84*
　　　　2.1.5　一般化情報量規準 GIC *86*
　　　　2.1.6　ブートストラップ情報量規準 EIC *87*
　　2.2　ベイズモデリング *89*
　　　　2.2.1　情報量規準が先導したモデリングの世界 *89*
　　　　2.2.2　ベイズモデリングの世界へ *90*
　　　　2.2.3　状態空間モデルの利用 *92*
　　2.3　地下水位データと地震の関係の解析 *93*
　　　　2.3.1　状態空間モデルによる欠測値と異常値の処理 . . . *94*
　　　　2.3.2　気圧，潮汐，降雨の効果のモデリング *95*
　　2.4　海底地震計データによる地下構造探査 *100*
　　　　2.4.1　OBS データと時空間モデリング *100*
　　　　2.4.2　信号の伝播経路のモデル *101*
　　　　2.4.3　隣接系列との相関構造 *103*
　　　　2.4.4　時空間フィルタリング *105*
　　参考文献 *107*

第3章　情報学における More is different　　（樺島祥介）*110*
　　はじめに *110*
　　3.1　エントロピーから見たモノの科学とコトの科学 *112*
　　　　3.1.1　モノの科学とエントロピー：カノニカル分布 . . . *112*
　　　　3.1.2　コトの科学とエントロピー：情報源の符号化 . . . *115*
　　　　3.1.3　何が似ていて何が違っているのか *118*
　　3.2　モノにおける More is different *119*
　　　　3.2.1　強磁性体の相転移 *119*
　　　　3.2.2　伏見–テンパリー模型 *120*
　　　　3.2.3　有限系での解析：対称性による制約 *121*
　　　　3.2.4　無限系での解析：自発的対称性の破れ *122*
　　　　3.2.5　解析を振り返って *125*

3.3	コトにおける More is different	*127*
	3.3.1　CDMA マルチユーザ復調問題	*127*
	3.3.2　有限系での解析	*128*
	3.3.3　無限系での解析	*129*
おわりに		*130*
参考文献		*132*

第4章　モデル選択とブートストラップ　　　　　　　　（下平英寿）*133*

はじめに		*133*
4.1	情報量規準とその発展	*134*
	4.1.1　赤池情報量規準によるモデル選択	*134*
	4.1.2　AIC の導出	*135*
	4.1.3　予測分布の良さ——最尤推定，ベイズ，ブートストラップ	*137*
4.2	モデル選択のランダムネス	*141*
	4.2.1　AIC のバラツキ	*141*
	4.2.2　系統樹推定	*142*
	4.2.3　二つのモデルの比較	*143*
	4.2.4　仮説の相違	*146*
	4.2.5　ブートストラップ法によるモデル選択の検定 . . .	*148*
	4.2.6　ブートストラップ確率のバイアス	*150*
	4.2.7　マルチスケール・ブートストラップ法	*152*
参考文献		*154*

第 II 編 索引　　　　　　　　　　　　　　　　　　　　　　*157*

AKAIKE INFORMATION CRITERION

第 I 編

1. 物の動きを読む数理
　——情報量規準 AIC の導入とその効果（赤池弘次）
2. 統計的推論とモデリング（赤池弘次）
3. 赤池弘次　著書・論文目録

物の動きを読む数理
——情報量規準 AIC の導入とその効果

▶赤池弘次

はじめに

情報量規準の考え方は，従来の正統的な統計学の展開に沿う形の研究で得られたものではなく，実際的な問題処理の必要から，道のない所を手探りで進むような研究を続ける過程で到達したものです．その意味では型破りな発想に見えます．このような研究の進め方をすることになった理由を，自身の物の見方の癖と育った環境や時代の影響などと関連させて見直しながら，情報量規準 AIC の導入とその効果について歴史的に眺めたいと思います．

1.1 生い立ち

富士山の南山麓の田舎に生まれましたが，叔父の一人が民間航空の草分け時代の操縦士で，この叔父から貰った機関車やモーターボートの模型をひっくり返して動きの仕組みを見るのが好きでした．この頃から，出来上がった結果を眺めるよりは，なぜそのような結果が生まれるのかを探ることに興味を感じていたように見えます．結果を予測しながらあれこれ試すわけです．何事につけてもこのスタイルで進む癖が，「三つ子の魂百まで」とそのまま現在まで継続しています．

小学生の頃は，書き取りなどの暗記物や珠算のような機械的な作業は不得意で，算術の応用問題を解くことは得意でした．飛行機の操縦士の叔父の家に寄宿して学校に通っていた兄の影響もあり，また，海軍の戦闘機乗りであったもう一人の叔父の影響もあって，中学に進む頃までは飛行機に関心がありました．この叔父が数学の話を聞かせてくれ，数学への関心が芽生えました．

中学では熱心な先生に英語を教えられましたが，単語の暗記は苦手で，実際の使用状況を単文の形で覚えていました．剣道と水泳の練習にも精を出して，結局当時の海軍兵学校に進学しました．

兵学校では，理工系の知識の初歩的な部分に触れることができ，確率や統計の初歩的な知識にも触れる機会が与えられました．すべての知識を有機的に利用することの有効性を体感したように思います．

終戦後は戦後の復興に貢献することを目指して故郷に帰りましたが，社会の価値観が音を立てて崩れるのを見て大いに悩み，あれこれ考えた末に，自他の生命の尊重が道徳の基本であると認識して心の平安を取り戻しました．旧制の第一高等学校理科に進学し将来の進路についても悩み，結局東京大学理学部数学科に進みましたが，これは私にとって，いわゆる狂瀾怒涛の時期でした．

1952年に統計学関連の数理の研究機関である当時の文部省統計数理研究所に入所し，ここで我が国の現実に根を置く研究を目指しました．10年間ほどは具体的問題の探索に時間を費やしましたが，戦後の復興を支える生産活動に直結する課題に触れる機会を得て，以来一貫して時間とともに変動する現象の解析と制御に関係する課題を追究することになりました．これは，子供の頃からの動く物の仕組みに対する興味に導かれた結果のように見えます．この課題の選択があれこれの発想を要求してAICに到達することになったわけです．

これから，AICに関連する話題に進みます．

1.2 予測の数理

1.2.1 確率

AICを利用して観測データの有効利用を進めるには，当面の観測データがどのようにして得られるのかを説明するモデルを使います．データを生み出す仕

組みは完全には記述できないのが普通で，この不確かさを表現するために確率を利用してモデルを組み立てます．

確率の考えはごく自然なもので，不確実な事柄の処理では誰でもほとんど無意識のうちに利用しています．ある結果が現れることに対する見込みの確からしさを数字で表すものが確率で，明日雨が降る確率は 0.7（70 パーセント）などと表現します．この場合 10 中 7 の割合で明日は雨が降ると見込んでいるわけです．この考え方自体はごく単純に見えますが，実際にある結果に対する確率を求めようとすると，いろいろ考えなくてはなりません．

これに対して，サイコロを振ったときに 6 の目の出る確率のように，確率を決める仕組みが客観的に与えられる場合もあります．これは確率の考えの出発点となった，占いや賭で利用されるランダムな動きをする道具，すなわちランダマイザーの利用で与えられる確率です．

サイコロのそれぞれの目に賞金が出る賭では，賞金にその目の出る確率を掛けて加え合わせれば「期待値」が求まります．この場合の考え方の要点は

$$期待値 = 確率に基づいて予想される値$$

ということです．そこで，賭の参加者は儲けの可能性について慎重に考えます．

1.2.2　確率と統計の繋がり

実際に確率を使って効果的に将来に対する計画を立てようとすると，確率のもつ複雑な内容に気がつきます．明日雨が降る確率が 0.7 というときは，何かの根拠に基づいてこの数字を取り上げています．たとえば，過去の記録で今日の気象状態と似た状態の日の翌日が雨であった場合の割合，というような根拠に基づいて決められます．

そこで，これまでの同様な状況の日の記録を並べてみると，過去の 100 日の例の中で 70 日が翌日雨であったというような結果が得られます．この場合，日常の言葉の使い方に従えば，過去の統計に基づく，全数に対する雨の比率 70/100（=0.7），すなわち平均的な発生率で明日が雨になる確率が決まることになります．

これを簡単に表現すれば

$$\text{過去の統計の平均値} = \text{将来に対する期待値}$$

となります．実用上の基本的な考え方はこのようなもので，確率が統計的なデータの利用と自然に結びつくことがわかります．

この考え方の基礎にあるのは，サイコロを何回も投げるように，データを無限に長く記録し続ければ確率が求まるという考え方です．ところが，実際にはこれは不可能で，逆にいま手許にあるデータをもとに将来の観測値を生み出す確率的な仕組み，すなわちモデルを作り上げ，これを使って予測を実行することになります．

このように，利用可能なデータを有効利用して，将来の値を予測する仕組みを作るのが統計的データ処理の本質なのです．「温故知新」を具体化する形の仕事です．以下，その実際的利用の例について話を続けます．

1.3 実際問題への適用

1.3.1 生糸繰糸工程の統計的管理

最初の例は生糸の繰糸工程の統計的管理で，当時の農林省蚕糸試験場の島崎昭典さんとの協力で得られたものです．戦前は生糸が日本の主要な輸出品で，歴史的に見ても長い伝統のある産業です．しかし，その生産方法は経験に大きく依存しておりました．が，戦後の統計的工程管理手法の導入に伴い，時々刻々の観測値に基づいて工程の異常の検出を行う管理図法の導入が検討されていました．

当時は一定個数の繭の繊維を撚り合わせて1本の生糸に紡いでいました．管理の対象は一定の時間内に繊維が切れて繭が落ちる落緒の回数で，これが異常に増加すれば工程の異常と判断されます．通常の管理図法の教えでは，定常状態の運転記録から平均的な落緒数と，許容される変動幅を決定し，観測値がこの幅の外に出た時点で異常と判定することになります．

ところが，繭から生糸の繊維を引き出しやすくするための煮方を決める試験繰糸の結果として，1本の繊維の長さの統計的分布のデータが得られます．これを利用すると，次々に繊維を繋ぐ繰糸の流れの中での切れ目の現れ方が確率

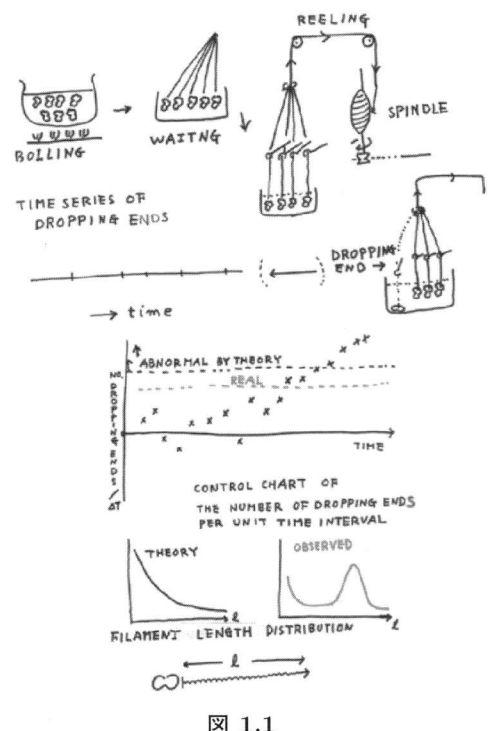

図 1.1

論的に決まります．これで理想的な運転状態の特性が確認され，管理に必要な数値も理論的に求まります（図1.1）．こうして実用上著しい成功が得られたのです．落緒の発生という将来の事象の確率的な構造を考えることにより，試験繰糸で得られた過去の知識の有効利用が実現したのです．

1.3.2 パワースペクトルの推定

パワースペクトルの推定は，ランダム振動の統計的解析ということで，1960年代に多くの関心を惹いた問題ですが，不規則変動の特性を計測する方法の実用化です．当時のいすゞ自動車株式会社の兼重一郎さんとともに，この方法の実用化を進めました．

時間的に変動する時系列データを周期的な振動成分に分解すると，周波数

（単位時間内の振動数）を示す横軸上に成分の強さを示すギザギザと激しく変動する系列が得られます．これは「ピリオドグラム」と呼ばれ，その中にひときわ目立つ成分が見出されることがあります（図 1.2）．地球物理学的な観測値に含まれる周期的成分の検出に，古くから利用されてきたものです．

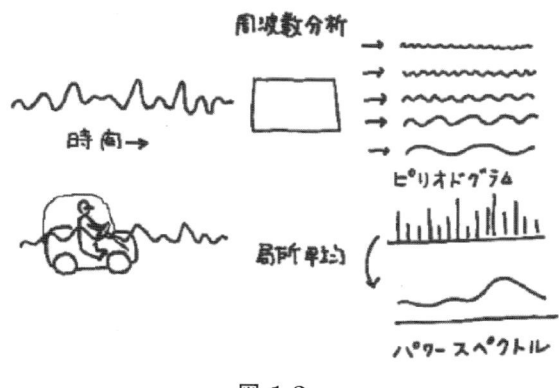

図 1.2

ところが，この解析法では，自動車の振動のような不規則変動のデータの場合は，全面的にギザギザの動きが現れるだけです．そこで当時の統計学では実用性が疑われていました．しかし，周波数軸上のデータを局所的に平均化すると「パワースペクトル」と呼ばれる滑らかな変動のパターンが現れ，光のスペクトルのようにどの辺りの周期成分が優勢であるかを見ることができます．

1.3.3　周波数応答関数の推定

さらに一歩進めると，ランダムに変動するハンドル入力を利用して自動車の操縦性能を測るというような，システム特性の計測法が得られます．この場合のシステムの特性を表現するものが「周波数応答関数」です（図 1.3）．

この計測方法では，現実の動きに類似した状況で，システムの特性を簡単に計測できます．この問題の取扱いは，当時の運輸省運輸技術研究所の山内保文さんとの協力で実用化に成功したものです．この周波数応答関数の推定法を様々な分野の研究者が実例に適用した結果が，1964 年に統計数理研究所の英文報告に発表されましたが，これは当時世界的に見ても先端的な成果でした．こ

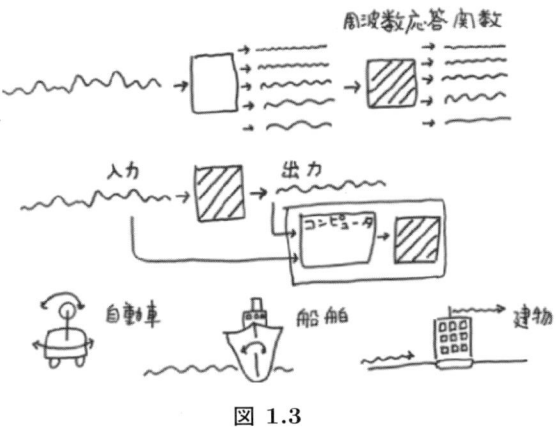

図 1.3

の事例には，自動車，船舶，鉄道車両，航空機，配管系，水力発電所の水管系などへの応用結果が含まれています．

1.3.4 生産プロセスの最適制御

周波数応答関数の推定法を，当時秩父セメント株式会社の中川東一郎さんとの協力を通じて，セメント焼成炉の自動運転の実現に応用しようとしたのですが，難しい問題が浮かび上がり，その代わりに計算機制御に適した新しい「最適制御理論」の適用を考えることになりました．

制御系の設計の基礎となるルドルフ・カルマン教授（第 1 回 (1985) 京都賞先端技術部門受賞者）のシステム理論では，伊藤清先生（第 14 回 (1998) 京都賞基礎科学部門受賞者）の研究成果による確率論的な表現が利用され，理論が展開されていましたが，変動の大きな実プロセスでの実用化には種々の困難がありました．これを克服するために，まずプロセスの動きの予測式を作り，これを利用して制御を実行する方法を考えました（図 1.4）．

1.3.5 自己回帰モデル

関係する変数全体の時系列について，現在の値を過去の何時点かの値に適当な係数を掛けて加えたもので予測する自己回帰モデルを採用し，その構造を時

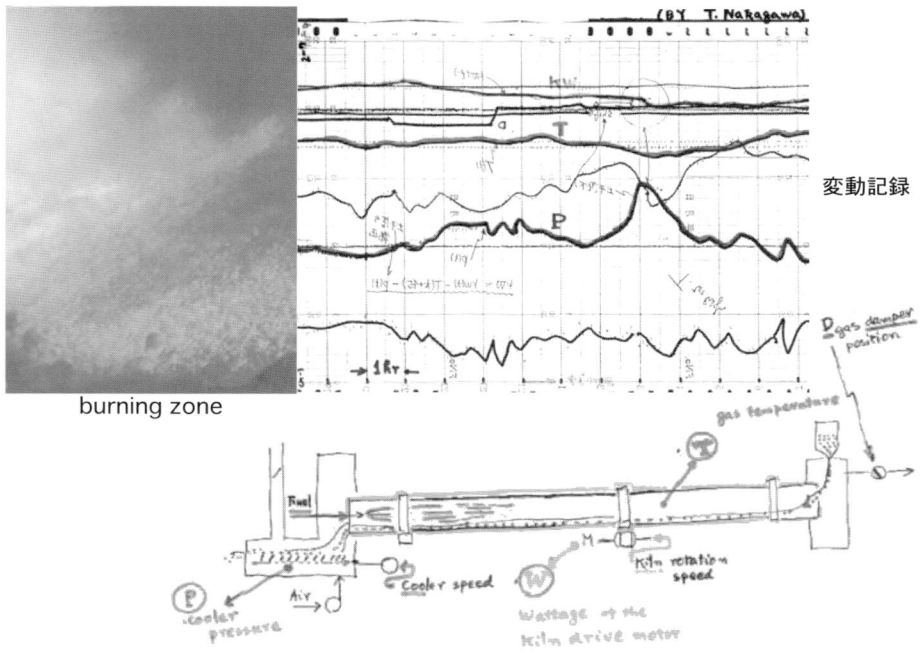

図 1.4

系列データから推定し，その結果から各変数間の繋がりを解析するという方法を採用することにしました．この場合の予測誤差は，「白色雑音」と呼ばれる，単純なランダマイザーの出力として表現される構造をもち，これを利用して実際のシステムの動きのシミュレーションが可能になります．これが自己回帰モデルです．

　　自己回帰モデル (AR: autoregressive model)
$$X(n) = (A_1 X(n-1) + A_2 X(n-2) + \cdots + A_k X(n-k)) + Z(n)$$

これを利用すれば，時々刻々将来の動きを予測し，適当な制御入力を決定する制御が可能になります．ところがここでさらに問題が発生しました．予測式に過去の何時点前までのデータを取り込むかという，いわゆるモデルの次数の決定の問題です．当時この問題についての実用的な方法はまったく見当りません

でした．次数が低すぎると予測力がなくなり，高すぎるとデータの不足から推定の精度が落ちてしまいます．そこで，次数の異なるモデルの比較評価の方法を考案し，これを使って最適モデルを選ぶことで制御系の設計が可能になりました．

1.3.6　最適制御の実現

「多変量自己回帰モデル」の利用で，実際のシステムの動きの実態が簡単に把握できるようになり，不規則な変動を示すセメント焼成炉の制御での最適制御理論の実用化に成功しました．

この方法の実用に必要な計算プログラムを公表した結果，火力発電所ボイラ温度制御，船舶の自動操舵，生体の環境維持機能（ホメオスターシス）の解析，脳波解析，経済時系列解析，原子炉雑音解析，など，従来は変量間の動きの関連が確認困難であった様々な研究対象について，実測データによる構造の確認とシミュレーションによる検討が可能になり，それぞれの分野で，驚きをもって迎えられるような結果を生み出しました．

火力発電所の蒸気温度制御の実用化は，当時九州電力の中村秀雄さんが電力中央研究所の研究者の協力を得て実現しました．定期点検後の運転再開時の模様を見学したことがありますが，このとき現場の運転責任者からこの制御を歓迎する発言がありました．後日，制御理論の大家，高橋安人先生 (1912-1996) が，「光は東方から，実プロセスの最適制御は日本から」と，この制御を高く評価されたという話も中村さんから聞いております（図 1.5, 1.6）．

その後この制御は国内外のボイラメーカによって利用され，国内，中国，カナダで運用中とのことです．セメント焼成炉の自動運転の実現とともに，変動の大きな現実のプロセスで最適制御理論の適用を実現した，理論と現実を繋ぐ貴重な成功例といえます．

実は，この場合，基礎になるモデルの次数を選ぶ際の評価値として何をとるのかは，簡単には決まらなかったのです．この問題を追及する過程で，これからお話をする「尤度」の概念の利用に引き付けられ，**情報量規準 AIC** に到達することになりました．

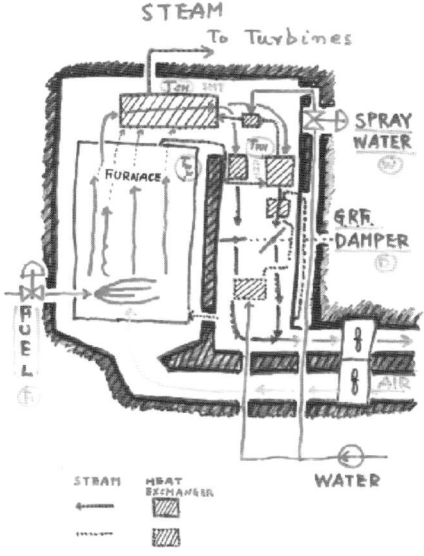

図 1.5

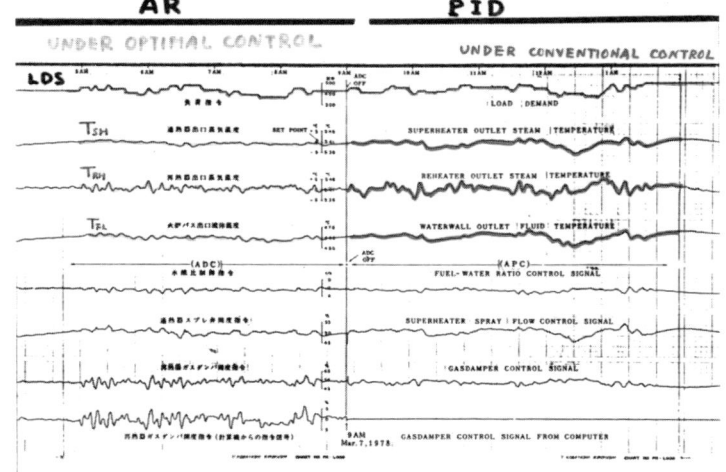

図 1.6

1.4 尤度の解明

1.4.1 尤度とは？

ここで，日頃聞き慣れない言葉と思われますが，確率的なモデルの優劣の評価を与える，尤度（ゆうど：尤もらしさ）について簡単な説明を試みます．これは非常におもしろい概念で，情報量規準はこれに基づいて定義されます．

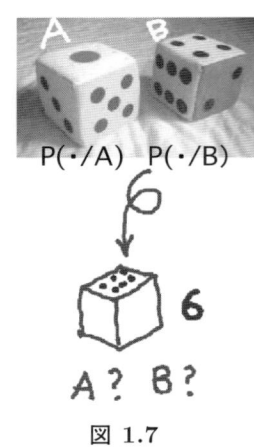

図 1.7

手許のサイコロを振って6の目が出たとします．ここからが問題です．A，B 二つのサイコロがあり，その中の一つが振られることは確かですが，実際に振られたサイコロがどちらかはわからない，というのです（図1.7）．そこで，AかBかの判断が求められます．探偵が6という観測データを手がかりに，犯人をA，Bのいずれかに特定しようとするときの状況です．

AとBのサイコロで6の目の出る確率を，それぞれ $P(6/A)$, $P(6/B)$ とします．いま6の目が出たという条件のもとで，$P(6/A)$ が $P(6/B)$ よりもはるかに大きければ，Aのサイコロが使われたと考えるのが自然に見えます．この考えを一般化して，観測データ x に対する $P(x/A)$, $P(x/B)$ の値を，それぞれサイコロ A，Bのデータ x に関する"尤もらしさ"，すなわち尤度と呼びます．

この場合，x というデータは既に観測され，確定していることに注意する必要があります．$P(6/A)$, $P(6/B)$ は，それぞれ6に関するサイコロ A，B の尤

度であり，6の目の出る確率ではありません．

確率は過去の知識や経験から将来のデータの見方を与えるものですが，尤度は，現在のデータを用いて，過去の時点にこれを生み出した仕組みを評価しようとしています．一見「温故知新」を超える知識の取扱いの議論に入っているかのように見えます．この問題の本質は，次の情報量の議論で明らかになります．

1.5 情報量規準

1.5.1 情報量

尤度をモデルの評価値として利用することの根拠として，「情報量」と呼ばれる量の利用が考えられます．情報量 $I(Q:P)$ は，モデル P から見て真の構造 Q の離れ具合いを測る量です．ここで P, Q は観測値の現れ方を決める確率的な仕組みを表し，それぞれの仕組みからデータ x が得られる確率が，$P(x)$ と $Q(x)$ で与えられます．

観測データ x が得られた場合，これを利用して $I(Q:P)$ の値を測るには，P の尤度 $P(x)$ の自然対数 $\log P(x)$ を利用します．これを「対数尤度」と呼びます．この変換により，二つのモデルの比較では，真の構造 Q を知らなくとも，「対数尤度の大きいほうが Q に近い」と評価するのが合理的である，ということが確率の立場から説明できるのです．感覚的に表現すれば，海抜の高い山が「天」に近いように，対数尤度の高いモデルが「真理」に近いとみなされることになります（図1.8）．これが情報量規準の意味で，これにより尤度の利用の根拠が明らかになったのです．

1.5.2 パラメータを含むモデル

実際に尤度を利用して推論を展開する状況では，いくつかの調節可能な変数，すなわちパラメータを含んだモデルが利用されます．パラメータを調節するとモデルの構造が変わり，現在の観測データと同じ結果を生み出す確率，すなわち尤度を調節することができます．

簡単で具体的なイメージとしては，サイコロの重心部分に重い鉄球があると考え，その位置を前後，左右，上下に移動させる，三つの調節用のねじ，すな

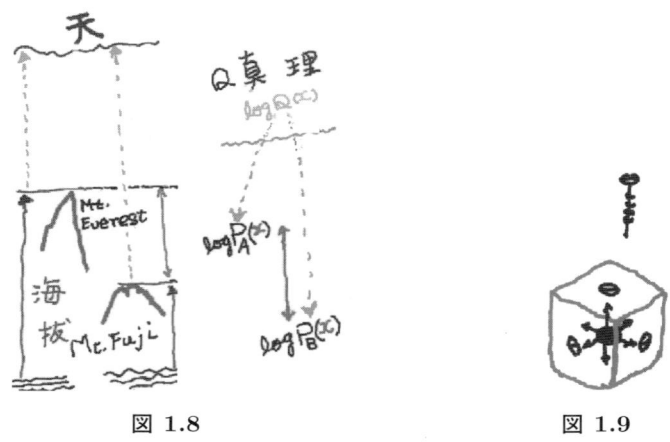

図 1.8　　　　　　　　　図 1.9

わちパラメータを考えます（図 1.9）．これを動かせば，それぞれ鉄球の近づく面が下向きになる確率が高まるでしょう．このような方法で，確率分布を調節できるモデルが得られます．

1.5.3　AIC

いくつかのパラメータをもつモデルを用い，与えられた観測データに関する尤度を最大化するようにパラメータを調節する最尤法を適用すると，このモデルの情報量規準による評価は

$$\mathrm{AIC} = (-2)(\text{最大対数尤度}) + 2(\text{パラメータ数})$$

で与えられます．尤度そのものではなく対数尤度を使うところが，情報量規準の微妙な点です．

最大対数尤度に掛かる (-2) という係数のために，AIC が大きいほど悪いモデルとみなされます．第二項の 2（パラメータ数）は，パラメータの調節による尤度の上昇分の補正と，当てはめられたモデルによる予測の誤差分の評価を加え合わせたものです．この項は無用なパラメータの数の増加を抑えます．

1.5.4　AIC の発表

AIC についての最初の発表は，1971 年の日本統計学会での報告です．これ

に次いで，同じ年にアルメニヤ共和国で開催された第2回情報理論国際シンポジウムで詳しい内容を発表しました．これが1973年に公刊され，その内容の解説を1974年にアメリカ電気電子学会制御システム部会紀要に発表しました．

当初，応用分野からは積極的な反応がありましたが，正統的な統計学の分野からの反応は消極的でした．しかし，1992年になると，1973年の論文が現代の統計学への顕著な理論的貢献のいくつかをまとめた書物に収録されました．AICがゆっくりと受け入れられていった様子が窺われます．

現在では，哲学者もAICに対して関心を示すようになりました．論理学では「オッカムの剃刀」と呼ばれる原理，すなわち不要な要素は使わないという原理が知られています．AICの2（パラメータ数）の項は，無用なパラメータ数の増加を抑えます．その意味で，AICをこの原理の具体化と捉えて議論を展開している人もいます．

しかし，AICの利用の前提はモデルの提案です．モデルの構成には，客観的知識，経験的知識，観測データなどを有機的に利用し，仮説の提案と検証を限りなく続ける努力が要求されます．このような仮説の提案の過程を通じて真理を目指す推論の展開を議論したC.S.パースは，これを「アブダクション」，あるいは「リトロダクション」と呼んで重視しています．AICはこの過程の実行を助けるものです．

1.5.5　情報量規準導入の効果

最尤法は，真の構造の中のパラメータの値を，観測値を用いて推定する方法として，これまで理論が展開されてきました．しかし，現実の適用では，これは人工的な実験の場合以外にはありえません．実用場面で最尤法が適用されるのは，データからの有効な情報の抽出を目指した人工的な構造物，すなわちモデルなのです．このように考えると，伝統的な統計学が強調した主観性の排除が，実は柔軟な発想によるモデルの展開とその利用を制約し，有効なデータ処理法の実現を妨げてきたことが明らかになります．

情報量規準の導入がもたらす自由な発想により，モデル構成の自由度が高まり，心理的なイメージに基づくモデルをも含め，利用できるモデルの種類が急激に拡大されました．その効果は，「ベイズモデル」と呼ばれるモデルにより，

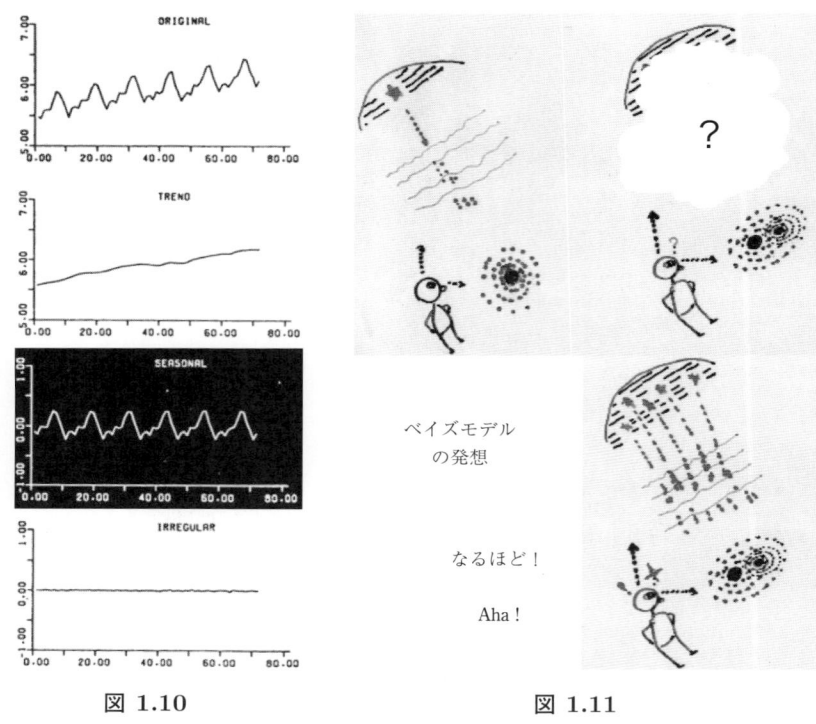

図 1.10   図 1.11

経済時系列から季節変動の成分の影響を分離する，季節調整法の実現の例で確認できます（図1.10）．ベイズモデルの発想の様子を図に示します（図1.11）．

このモデルは，地球潮汐の解析などの地球物理学的観測値の有効な処理法の開発にも利用されています．統計数理研究所の石黒真木夫さんと国立天文台水沢 VERA 観測所の佐藤忠広さんほかの皆さんがまとめ上げた計算プログラムによる出力例をご覧に入れます（図1.12）．

おわりに

話の終りに，知識の有効利用について触れたいと思います．飛行機の実用化に際しては，科学者は科学的知識を利用して飛行機は実用にならないと言い，ライト兄弟は逆に空を飛ぶことを目指して知識を活用し，飛行機の実用化に成

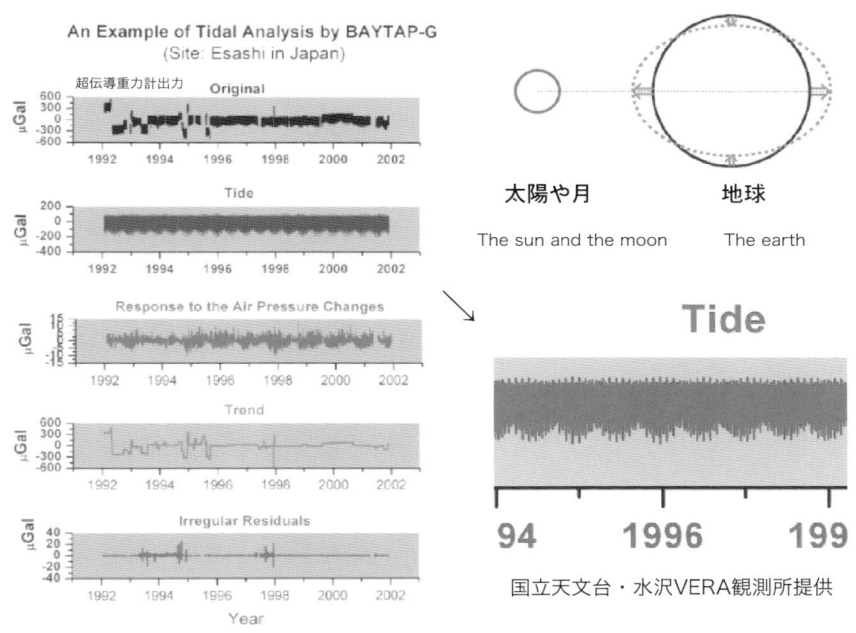

図 1.12

功したことが知られています．AICの場合も，既存の理論に基づくデータ処理法に限界を感じ，問題の要求に従って既存の理論を検討することで結果に到達しました．

私のAICの話は，子供の頃の飛行機との関わりに始まり，飛行機の研究との類比で終わる感じがしますが，ここで最後に強調したいことは，何かを実現しようとする目的意識の重要性です．セメント焼成炉あるいは火力発電所ボイラの制御の実現では，関係する研究者の粘りと迫力には目覚ましいものがありました．この点についての理解と関心の深まりを願って，私の話を終わりたいと思います．

2. 統計的推論とモデリング

▶赤池弘次

はじめに

　情報量規準の導入により統計的推論の構造が明らかになり，統計的情報処理の成功を決定するものがデータの発生機構を表現するモデルの選択にあることが明瞭に示された．その結果，統計的推論の研究の本質がモデルの構成法の研究にあることが明らかになった．

　この章では，モデルの利用と情報量との関係を明らかにし，次いで統計的情報処理，あるいはデータ処理におけるモデル利用の実態を議論する．さらに，モデルの構成すなわちモデリングの作業と，脳の働きの特性との関連に注目し，モデルが目的意識に基づく対象のイメージの具体化であることを明らかにする．最後に，モデリングと利用可能な知識との関係を議論し，その最終目的が，対象への働きかけを可能にするイメージの構成にあるとの見方を示す．

　この見方によれば，これまで漠然と捉えられていた統計的推論が，このようなモデルとイメージの構成によって遂行される推論として概念的に明確化される．その適用の主要な目的は，対象に関する，利用可能かつ有効な知識の効果的利用であり，この場合のモデルは，必ずしも確率分布の形に明示される必要はない．これにより，情報量規準の適用場面以前の統計的推論のあり方が明確化され，統計推論の適用分野の拡大が期待される．

2.1 情報量の二つの側面

　情報量規準 AIC の基礎にある「情報量」の定義は，熱力学研究の過程で分子の速度分布の導出を議論した L. ボルツマンの論文に最初に登場した (Boltzman (1878)[3])．同じ量の特殊型が C. シャノンにより「通信理論」に応用された．
　この情報量は次のように定義される．

$$I(Q:P) = \int (Q(x)/P(x)) \log(Q(x)/P(x)) P(x)\, dx$$

ここで，P と Q はそれぞれ確率分布を示し，log は自然対数を示す．ボルツマンの最初の論文では，この量 $I(Q:P)$ に負号をつけたものが，分布 P からのサンプリングで分布 Q が得られる確率の対数に比例する量として登場した．これは $I(Q:P)$ が Q の P からの離れ方の自然な測定値であることを示している．
　ボルツマンとシャノンの使い方では，P と Q のいずれも対象は具体的な集団であるが，統計的推論への利用では，P は未知の分布 Q を近似するモデルを表現する．推論への応用のためには，情報量の表現を次のように置き直す．

$$I(Q:P) = \int Q(x) \log(Q(x)/P(x))\, dx = E \log Q(X) - E \log P(X)$$

ただし，E は確率変数 X が真の分布 Q に従うものとしての期待値を示す．この場合の分布 Q とモデル P，ならびに情報量の利用は，観測値が与える情報の意味の理解に深く関わる．
　この式は，情報量 $I(Q:P)$ が真の分布 Q とモデル P の平均対数尤度の差であることを示し，ある人が，観測値 x に関するモデル P の対数尤度 $\log P(x)$ を P の Q への近さの測定値として繰り返し利用すれば，その平均が情報量を定義する量に収束することを示す．このことは，真の分布がその人だけに固有のものであっても，$\log P(x)$ は P の良さを判断する量として彼にとっては合理的な選択であることを示す．
　さらに，真の分布が社会的にただ一つに決まるという場合には，多くの人に繰り返し利用される場合の平均は同じ量に素早く収束するであろう．これは対数尤度の間主観性を説明するものであり，これが対数尤度に基づく統計的推論に一種の客観性を与えるとみなされる (Akaike (1985)[1])．この見方から，情

報量 $I(Q:P)$ を，モデル P の質を評価する規準，すなわち「情報量規準」とみなすことができる．

「最尤法」で当てはめられたモデルを予測的に使うという考えが，情報量規準の利用と結びついて AIC の導入に導いた．AIC は次式で与えられる．

$$\text{AIC} = (-2)\log(\text{maximum likelihood}) + 2(\text{number of adjusted parameters})$$

情報量規準 AIC が様々な応用分野で受け入れられてきたという事実は，対数尤度の利用に関する前記の議論の妥当性を経験的に証明するものである．

2.1.1 推論の時間的展開の視点と AIC

統計的推論の研究における AIC 導入の基本的な貢献は，推論に時間的展開の視点を取り込んだことである．過去の情報に基づき将来を見る確率は受け入れられても，現在のデータ x の情報に基づき過去を見る尤度は確率の視点とは相容れない．このように見る限り，尤度利用の合理化は困難であった．

データ x が観測された現時点では，x は既に過去の情報である．したがって，現時点から将来を見る確率的考察の展開には，当然 x の情報も考慮すべきである．当面の目的に有効に利用できる確率的構造の探索が統計的推論の課題であり，あらゆる確率の背後にはこの探索の努力がある．尤度はこの推論展開の手がかりを与え，情報量規準はこの場合の対数尤度の利用を合理化する．

これに関連し，情報量規準 $I(Q:P)$ の利用における基本的な哲学的問題は，真の分布 Q の本質は何かということである．これはモデルの構築とその利用の問題に深く関わっており，これがこれ以降の議論の主題になる．

2.2 モデルの利用の実態

統計的ソフトウェアの進歩とともに，基本的なモデルの構造が決まれば，解析の主な仕事は計算機に任せられると考えられる傾向があるが，これはモデル利用の実際の過程とはまったくかけ離れている．

古典的なモデリングの成功例は，分散分析のモデル

$$Y_{ij} = M + A_i + B_j + X_{ij}$$

の利用である．このモデルの利用は R.A. フィッシャーによって展開され，広範囲の応用を見出した．これは，調節可能なモデルを利用し，観測データの空間的変動パターンの表現を提供する．また，時系列の多変量 AR（自己回帰）モデル

$$X(n) = A_1 X(n-1) + A_2 X(n-2) + \cdots + A_k X(n-k) + Z(n)$$

も，広汎な利用を見出している．このモデルは，雑音の多い多変量プロセスに対し，その時間的変動の特性を明らかにする．

2.2.1　無駄な複雑性の排除と有効性の確認

　これらのモデルに人気がある理由は，適用によって得られる結果の積極的利用の手がかりをモデルが与えるからである．しかし，形式的にはこれらのモデルは対象のある特性についての計測値を与えるにすぎない．したがって，それらを当面の応用に直接的に有効なものとするには，測定結果の意味についての理解，あるいは解釈を進める必要がある．このためには当面の応用分野の知識が要求される．

　セメントロータリーキルンの制御への多変量 AR モデルの応用の例では，重要な問題はモデルに使用する変数の選択であった．観測のための測定器の配置の数は元来極度に多かったが，モデルの中のパラメータの数が測定器の数の 2 乗に比例して増加するため，観測をいくつかの基本的な変数に限定することが不可欠であった．この測定点の選択には，実験的なモデリングとその結果の解析の繰返しが必要であった．役に立つモデルに到達するには，「無駄な変数の排除」が必要になる．一般的に見れば「無駄な複雑性あるいは柔軟性の排除，または抑制」である．

　これに対し，「必要な変数の取込み」の重要性は明らかで，これは利用可能な知識に依存する．この様子を，結核の化学療法の効果の解析の経験例で示す．ある研究チームの一員が筆者に測定値の欠測分を，統計的方法で埋めることについて助言を求めた．観測データの減少が療法間の差の検出を妨げていると考えたのである．この状況のシミュレーションの結果を図 2.1 に示す．P_A, P_{AB} は処置 A，処置 AB による毎月の陰性化率の経過を示す時系列である．

図 2.1

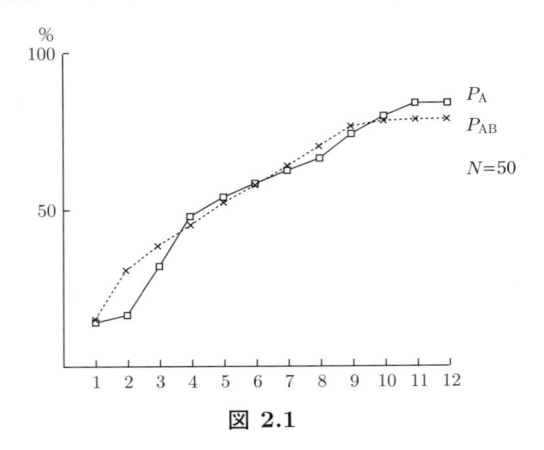

しかし，原データに治療開始時の肺の X 線写真に見られる空洞数の記録が含まれていたことを見出し，これで分類したところ，療法の差が明瞭に認められるようになった．図 2.1 の P_{AB} を，空洞数 1 の場合の $P_{AB/1}$ と，空洞数 2 の場合の $P_{AB/2}$ に分離したシミュレーション結果を図 2.2 に示す．処置 A の場合は，空洞数 1 の患者のみであったとして，そのまま表示されている．P_A と $P_{AB/1}$ とを対比すれば，効果の違いは明瞭である．この例は，当面のデータを見た結果だけから，この処理法しかないと思い込むことの危険を示している．

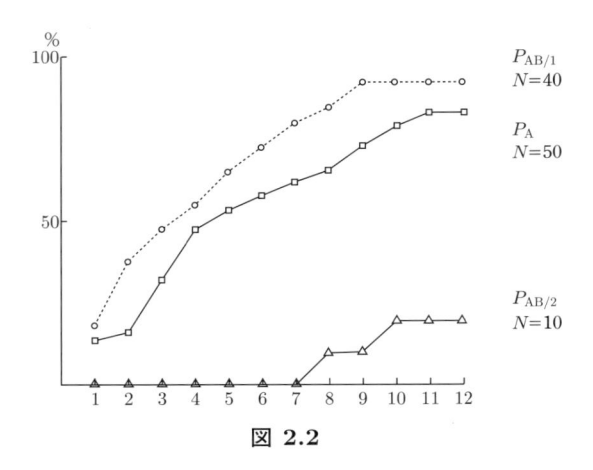

図 2.2

以上の簡単な例が示すように，最終的な結論に達するには，モデルの繰返しの提案と，その有効性の確認が要求される．実在の事物のモデリングの本質的な点は，この候補となるモデルの提案とその検証の繰返しの過程にある．一つのモデルは対象の特別な側面を表現するだけであるから，これを不用意に利用すると局所的な最適解に到達する可能性がある．この危険を避けるには，過去の経験から得られた対象に関する知識を適切に利用する必要がある．

2.3 脳の働きとしてのモデリング

明らかにモデリングは脳の典型的な知的活動である．この活動が芸術的な活動と密接に関係することは容易に想像される．これを具体的に示すのが，神経科医であるラマチャンドラン教授による，芸術的な活動の普遍的法則を与えると考えられる脳のいくつかの働きの解説である (Ramachandran (2003)[6])．統計的推論との関連に注目しつつ，脳の働きとモデリングの関係の議論の手がかりを探ることにする．

2.3.1 物の見方とピークシフトの機能

ラマチャンドラン教授は，「ピークシフト」と呼ばれる一つの法則を提案し，その現れの例示としてシバ神の配偶者である女神パールヴァティの像の構造を議論している．この像のおおよその特徴を描き出したものが図 2.3 である．

この像について，背骨の特徴的な曲線が男性との対比を強調するために誇張されている点が指摘されている．背骨の形を推測し，図 2.3 に S 字を重ねる型で太い破線で曲線を書き込んでみた．

ピークシフトの法則では，快い効果を生むために，普通の人あるいは平均の姿からの偏差を強調することで，一人の人の特徴的な点が誇張される．この法則は脳の機能の一表現であり，文化から独立しているとみなされる．この見方は，統計的手法の展開の方向についても，興味深い説明を与えるように見える．

古典的な有意性検定の手順では，ある測定の有意性は，観測値の帰無仮説からの偏差で判断される．観測されたデータの特性が，帰無仮説によって定義される対照母集団との対比を通じて評価されるのである．この手順とピークシフ

図 2.3   図 2.4

トの発想との類似は明瞭である．有意性検定の手順が科学的研究の様々な分野で受け入れられてきたという事実は，ピークシフトの裏付けとなる頭脳の働きが，無意識の中にテストの手順の受け入れに導いた可能性を示唆する．

　しかし，AIC の導入は，統計的推論を実行する際の脳の最も重要な役割が，観測の興味ある構造を適切に表現するモデルの提案であるという事実を明らかにした．この見方によれば，女神パールヴァティの像の構成の場合，ピークシフトの発動以前の，姿態を表現する基本構造の選択が，より重要な脳の働きと考えられる．これを示すのが優れた男性ゴルファーの動きを表現する図 2.4 である．

　図 2.4 に太い破線で記入した背骨の動きは図 2.3 の女神パールヴァティの背骨の動きによく似ている．このことは，姿態のモデリングに有効な，ある基本的な構造の存在を示唆する．これについては次節のイメージとモデリングの関係の議論でさらに詳しく検討することにする．

　ピークシフトの働きを検討すると，この法則の存在は，モデリングの基礎となる人間の視覚情報の処理にとって危険を意味するかもしれないことが明らかになる．この法則は，人が一度あるものを見て気分のよい解釈を展開すると，類似の物を見るときに同じ解釈をする傾向が強まることを示唆する．この型の経験の累積は，ついには視覚情報処理に偏見を導入する先入観に発展し，人々

は自分が見たい物を見るようになる．

具体例としては，普通のゴルファーがなかなか上達しない主な理由がこの点にあると考えられる．目から入る情報について，自分に都合の良い解釈を強め続け，有効な動きの構造が捉えられなくなるのである．AIC の導入は数多くのパラメータをもつ柔軟なモデルの利用の可能性を開いたが，モデルの創出に際して脳によって果たされる役割を忘れると，柔軟なモデルの利用による恣意的な結果に導かれる危険があるわけである．

2.4 イメージとモデルの関係

我々は過去からの知識を研究することで，未来の眺め，すなわちイメージを生成する，すなわち「温故知新」を実行する (諸橋 (1973)[7])．これは統計的推論のためのモデルの開発で要求される脳の基本的な機能である．本章では脳の働きとモデリングの関係をより具体的に議論する．その内容は 1) イメージと意図，2) 姿から動きを読む，3) 複雑さの低減と有効性の確保，4) 情報データ群の導入の 4 項目で構成される．

2.4.1 イメージと意図

新しいモデルの提案は，対象についてのイメージに基づく．この場合のイメージは，モデルを作る人が対象を見る見方を反映する心理的な実体であり，対象に関連する蓄積された知識と経験を利用する，脳の機能の産物である．これは個人的なものであり，心理的な，あるいは物理的な動きを起こすことに利用される．モデルは，外の世界との接触を確保することによってイメージを具体化し，イメージの内容を他人に伝達可能にする．

イメージの役割の重要性は芸術活動ではまったく明白である．この側面についての深い考察を示す例が，著名な彫刻家オーギュスト・ロダンの言葉に示されている (高村訳 (1960)[8])．イメージの最も重要な側面は，モデル構築者の知識と意図への依存である．この側面を説明する一例が，背骨の動きのモデリングで得られる．この動きは体の動きの心理的あるいは身体的解釈と深く関係する．

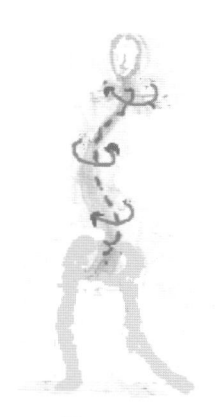

図 2.5

　背骨の動きの構造は非常に複雑で，これが人体の動きのイメージを大いに混乱させる．背骨の動きの構造の単純化された説明を図 2.5 に示す．

　この動きの全般的な理解は難しいが，特定の動きの例を分析することで有効な洞察が得られる．ゴルフスイング動作の分析がその一例を提供する．

　この動作の仕組みは複雑で，素人にはほとんど理解不可能に見える．しかしその分析は，統計的推論の典型的な例を提供する．この場合のモデリングの最もおもしろい点は，分析を始めるときには真の構造のようなものが何もない，ということである．スイング動作という，特定の目的のために体の動きを作るという意図が，スイング動作に真のモデルがあると思わせるのである．モデリングの努力は，この真のモデルの探索に向けられる．これは科学的研究全般における真理探究の状況そのものである．

　明らかにこの状況では，真の構造はモデルを作る人の心の中だけにある．これは統計的推論の本質についての一つの洞察を提供する特に重要な見方である．この型の「真の分布」の取扱いに慣れなくては，これまで開発された統計的処理法についても，適切な実際的応用を発展させることは不可能である．

2.4.2　姿から動きを読む

　ゴルフスイングの場合には，ゴルファーの意図を典型的に表現する基本的な腕の動きがある．この動きは，バック方向すなわち右と，フォーワード方向す

図 2.6

なわち左への，左手のスイングの弧の最大の長さを求めることで定義される（右打ちの場合）．この動きとともに，右手を上下に最大限に振ることも要求され，これらの二つの動きを結合することによって，実用的なスイング動作が得られる．

　両腕のこの動きを実現するには，背骨はバックとフォーワードのスイング動作のために，それぞれ特定の形の維持を強制される．この動きに関連して，右前腕の回内，すなわち内側回しの動きが，女神パールヴァティの像の特性を表す体の形を生むことが見えてくる．その結果は，この像を右の指先の動きを爪先に繋ぐ背骨の動きのモデリングの結果と考えることができることを示す．

　この見方は，図 2.6 を見ることで確認できる．これは平凡なゴルファーの姿を真似たものである．

　女神の像と上手なゴルファーの背骨の形の間には類似性が認められたが（図 2.3，2.4），平凡なゴルファーの右前腕は回外し，これが図 2.6 に描かれている背骨の動きを生み，スイング動作の実行を難しくしている．平凡なゴルファーのこの動きでは，スイング動作の始めに頭を静止して保てない．一方，女神パールヴァティの像の頭は真っ直ぐ前方に向いて保たれている．これは，女神の像の姿の基本構造が，右前腕の回内の効果で生まれる背骨の動きを表現するという解釈の妥当性を示す．

　『ロダンの言葉抄』[8] に，ギリシャの彫刻家を代表するフィディアスの作品

図 2.7 ([8], p.299 の図を一部改変)

の特徴を示す特殊な体の表現の話がある．その説明のために，優れた芸術家であった編者らによって準備された図の概型に，背骨の動きを推測する太い破線を加えたものを図 2.7 に示す．図は頭から始まって足に至る，交互に変わる方向を示す体の部分の組合せを示し，その全体の姿はまさしく右前腕回内の動きが生む，背骨の動きに対応していることが確認できる．安定に立って頭を正面に向けて保ち，右腕を内側に回せば，自然に右肩を後に引く動きに繋がってこの形になる．ここでもこの背骨の動きの構造が現れるのを見ると，一種の興奮さえ感じる．

ロダンはこの特別な形の認識の重要性を強調しているが，我々の場合は，これが実際の「動き」の注意深い観察に基づくことの認識が重要である．ロダンは別の話の中で，これを裏づけるかのように，時間的動きのイメージを生み出す要領として，体の各部の刻々の形の接続によって動きを表現することを説明している．これを動きのモデリングの立場から見ると，イメージ構成の基本要素が，対象の各部の「安定な静止状態からの逐次的変位の系列」によって与えられることを示すものと見ることができる．一瞬の姿をこの基本的要素の繋がりに分解して捉えることにより，初めて動きの解読が実現し，動きの内容の把握と伝達が可能になる．これは優れた芸術的活動に見られる，高度に知的な情報処理の実態である．

ここまでくると，芸術家がしばしば用いる誇張の手法の意味も理解できる．これを，動きのイメージ構成の基本要素である，逐次的変位の具体化と見るのである．予測を実行しそのイメージの具体化に喜びを感じることを，人（あるいは生物）の脳の基本的な機能とみなせば，これは極めて合理的な手法であることがわかる．ピークシフトもこの一例と見ることができよう．統計的モデルの構成に際し，データにいくつかの動きの型を想定する場合にも，無意識の中にこの脳の機能が働いている可能性がある．

2.4.3　複雑さの低減と有効性の確保

　ゴルフスイング動作のモデリングの場合には，右前腕の回内が右腕の固い仕組みを生み出して動きの柔軟性（複雑さ）を極限まで減らす．この仕組みを，左前腕回外（外側回し）で発生する左腕の同様な仕組みと結合することによって，両腕の固い仕組みが得られる．この構造は，クラブと地球との安定した連結を確立するが，過度の柔軟性の排除により，可動範囲が限定される．そこで，モデリングの意図に添って可動性を増すことで，実用的なスイング動作が可能になる．これで，この場合のモデリングの過程が一応完結する．

　この経験から，次のようなモデル構築の一般的な手順が得られる．まず，モデルの基本素材には，対象の重要な特性を捉えるに十分なほどの柔軟性が必要である．しかし，最終的なモデルに柔軟性が残ると，当面の目的に利用する際に，より多くの精神的あるいは肉体的努力が要求される．したがって，モデルには単純さ（柔軟性の排除）が求められる（「けちの原理」）．しかし，モデルは対象の本質的な特性を近似できなくては役に立たない．単純さを要求しつつ，必要な機能の実現を追求することによって，実用的な結果に到達する．

　これを脳の働きの視点から眺めてみよう．モデリングの初期の段階では，対象の細部を把握しようとして，対象の複雑さをできる限りモデルに反映させようとする．しかし，外界と作用し合うことでモデルの改変の必要性を経験し，その結果しばしばモデルの単純化が実現する．このようなモデルを通じた外界との相互作用を通じ，モデル構築者の意図に適合しつつ，対象の本質的な面を表現する，新しく改良されたイメージを脳が作り出す．原理的にはこの過程は無期限に継続される．

これは，AIC によるモデル選択の過程そのものの内容の記述でもあり，AIC の適用をこのより一般的なモデリングの手順の実現の一例と見るのが妥当である．機械的なモデルの当てはめは，結果が動きの実現に使えるイメージを提供しないために，実用には直接役に立たない．これはゴルフスイングの動きの分析に一般的に使われる，二重振り子型モデルなどの例で確認できる．

実際に二重振り子型モデルの利用を詳しく論じた書物では，腕とクラブを表す二つの棒が手で繋がる仕組みを考え，その運動方程式のパラメータを調節して，観測データへの当てはめを実現している (Jorgensen (1999)[5])．しかし，その当てはめでは，クラブがボールに向けて振られるダウンの動きの開始点の位置と初速度が，初期条件として要求される．実際のスイング動作では，この点に到達するまでのバックの動きの作り方が決定的に重要なのである．

先に議論した S 字を重ねる型の背骨の動きに着目すれば，バックの背骨の S 字がさらに左右反転するまで右前腕の回内の動きを強めてダウンの準備を完成，ここから足腰の踏ん張りで背骨を中正の位置に引き戻せばダウンの動きが実現する．これでほとんど全ての動きの基本構造が決まり，生体力学的な記述の原型となるイメージが得られる．実際のスイング動作も，このイメージにより実行できる．仮説の提示と検証の繰返しを通じて到達したこの基本構造は，複雑さの低減と有効性の確保を理想的に実現して「真の構造」の具体化に迫るものである．これが統計的推論遂行の実態である．

2.4.4 情報データ群の利用

ここでより重要なことは，統計的推論を当面のデータ x の与える情報だけに依存させるのは，まったく非現実的であるという事実の認識である．推論展開の時点で利用可能な情報には，観測値 x の他に，関連の利用可能な科学的あるいは経験的な知識と他の観測値も含まれる．推論の基礎となるデータの概念をこのように一般化したものを，情報データ群として捉えれば (Akaike (1997)[2])，統計的推論の見方は激変する．

この一般化された統計的推論の視点から見ると，推論の種類が情報データ群の内容に依存することが明らかになる．将来の実現値（観測値）の分布が明確な確率分布の形で情報データ群に含まれ，これを用いて推論を展開する場合に

は確率の演繹的利用になる．関係する観測データと，想定される分布のモデルに基づく推論（未知パラメータの推定を含む）は，帰納的推論の形をとる．制御の場合のように対象に働きかけるための推論は，対象の動きを生み出す実体の動きを近似するモデルの構成によって実現する．当然この場合には，繰り返される検証の結果も情報データ群に含まれる．

　実際の推論は常にこの型の一般化された情報データ，すなわち情報データ群，に基づいて実行される．この場合，推論は何らかの心理的あるいは身体的なイメージの構成に基づくモデルの利用から出発し，最終的には我々の行動を指導するイメージに結実する．モデルが伝達可能な実体として表現されれば（言語表現をも含む），それは科学的応用でも役に立ちうる．一つの学問分野としての統計学の発展を維持するためには，統計学者が古典的な数理統計学の視点から解放され，モデル構成のすべての側面に対応できる立場に立つことが必要である．

おわりに

　これまでの議論から，従来の統計的推論の概念の曖昧さが明らかになった．もともとこの曖昧さの原因は，「統計的」という語の内容の不明確さにあり，これは統計という語の内容の曖昧さに起因する (Fisher (1922)[4])．議論の結果から見れば，統計的推論は，当面の目的達成に必要十分な知識の獲得のための推論と考えるのが妥当であり，内容的には，情報データ群を利用して観測データから意味を抽出する知的活動となる．

　統計的推論は何らかのモデルを利用して実行される．モデリングの仕事は心身の働きによって遂行される知的な活動であり，対象のイメージを心に抱くことから始まる．このようなイメージは，関連する客観的知識，経験的知識，および観測データの蓄積と適切な使用がなくては得られない．

　この場合には，必ずしも数学的表現で記述されない，あるいは計算機で取り扱えない状況でのイメージやモデルの構築を効果的に指導する原理の展開が必要である．筆者の見方によれば，このような研究の素材は現実の問題処理の経験の蓄積によってのみ獲得される．R.A. フィッシャーによる数理統計学の展

開の場合を見ても，その裏に農学あるいは遺伝学の問題処理の経験が働いていたことは明らかである．

参考文献

[1] H. Akaike, Prediction and entropy, *A Celebration of Statistics*, A. C. Atkinson and S. E. Feinberg eds., Springer, p.397, 1985.

[2] H. Akaike, On the role of statistical reasoning in the process of identification, *SYSID'97, 11th IFAC Symposium on System Identification*, G. Sawaragi and S. Sagara eds., Vol.1, pp.1–8, 1997.

[3] L. Boltzmann, Weitere Bemerkungen über einige Probleme der mechanischen Warmetheorie, *Wiener Berichte*, Vol.78, pp.7–46, 1878.

[4] R. A. Fisher, On the mathematical foundations of theoretical statistics, *Philosophical Transactions of the Royal Society of London*, A, Vol.222, pp.309–368, 1922.

[5] T. P. Jorgensen, *The Physics of Golf*, 2nd edition, Springer, 1999.

[6] V. S. Ramachandran, *The Emerging Mind*, Profile Books, 2003.

[7] 諸橋轍次，論語の講義，為政第二，十一，大修館書店，1973.

[8] 高村光太郎 訳，高田博厚・菊池一雄 編，ロダンの言葉抄，岩波文庫，1960.

3. 赤池弘次 著書・論文目録

著書

1. 現代社会とマスコミュニケーション（日高六郎他と共著），マスコミュニケーション講座，第5巻，河出書房，1955.
2. 世論に関する考え方（蝋山政道他と共著），新日本教育協会，1955.
3. ダイナミックシステムの統計的解析と制御（中川東一郎と共著），サイエンス社，1972.
4. 確率論・統計学（林知己夫他と共著），放送大学教育振興会，1985.
5. 統計学特論（林知己夫と共著），放送大学教育振興会，1986.
6. 科学の中の統計学，現代科学と統計数理の接点，ブルーバックス，講談社，1987.
7. 時系列論（尾崎統他と共著），放送大学教育振興会，1988.
8. Statistical Analysis and Control of Dynamic Systems（中川東一郎と共著，門間麻紀と共訳），Kluwer Academic Publishers, Dordrecht, 1988.
9. 時系列解析の実際 I（北川源四郎と共編），統計科学選書4，朝倉書店，1994.
10. 時系列解析の実際 II（北川源四郎と共編），統計科学選書5，朝倉書店，1995.

11. 生体のゆらぎとリズム，コンピュータ解析入門（和田孝雄と共著），講談社，1997.
12. Selected Papers of Hirotugu Akaike (Emanuel Parzen, Kunio Tanabe and Genshiro Kitagawa eds.), Springer Series in Statistics, Springer, 1998.
13. The Practice of Time Series Analysis (北川源四郎と共編), Statistics for Engineering and Physical Science, Springer, 1999.

英文論文

1. Note on the decision problem (with K. Matusita), *Ann. Inst. Statist. Math.*, Vol. 4, pp.11–14, 1952–1953.
2. On a matching problem (with C. Hayashi), *Ann. Inst. Statist. Math.*, Vol. 5, pp.55–64, 1953–1954.
3. An approximation to the density function, *Ann. Inst. Statist. Math.*, Vol. 6, pp.127–132, 1954–1955.
4. Decision rules, based on the distance, for the problems of independence, invariance and two samples (with K. Matusita), *Ann. Inst. Statist. Math.*, Vol. 7, pp.67–80, 1955–1956.
5. Monte Carlo method applied to the solution of simultaneous linear equations, *Ann. Inst. Statist. Math.*, Vol. 7, pp.107–113, 1955–1956.
6. On optimum character of von Neumann's Monte Carlo model, *Ann. Inst. Statist. Math.*, Vol. 7, pp.183–193, 1955–1956.
7. On the distribution of the product of two Γ-distributed variables, *Ann. Inst. Statist. Math.*, Vol. 8, pp.53–54, 1956–1957.
8. On a zero-one process and some of its applications, *Ann. Inst. Statist. Math.*, Vol. 8, pp.87–94, 1956–1957.
9. On ergodic property of a tandem type queueing process, *Ann. Inst. Statist. Math.*, Vol. 9, pp.13–21, 1957–1958.
10. On a computation method for eigenvalue problems and its application

to statistical analysis, *Ann. Inst. Statist. Math.*, Vol. 10, pp.1–20, 1958–1959.

11. On the statistical control of the gap process, *Ann. Inst. Statist. Math.*, Vol. 10, pp.233–259, 1958–1959.

12. On a successive transformation of probability distribution and its application to the analysis of the optimum gradient method, *Ann. Inst. Statist. Math.*, Vol. 11, pp.1–16, 1959–1960.

13. Effect of timing-error on the power spectrum of sampled data, *Ann. Inst. Statist. Math.*, Vol. 11, pp.145–165, 1959–1960.

14. Analysis of the effect of timing-error on the frequency characteristics of sampled-data, *Proceedings of the 10th Japan National Congress for Appl. Mech.*, pp.387–389, 1960.

15. On a min-max theorem and some of its applications (with Y. Saigusa), *Ann. Inst. Statist. Math.*, Vol. 12, pp.1–5, 1960–1961.

16. On a limiting process which asymptotically produces f^{-2} spectral density, *Ann. Inst. Statist. Math.*, Vol. 12, pp.7–11, 1960–1961.

17. Undamped oscillation of the sample autocovariance function and the effect of prewhitening operation, *Ann. Inst. Statist. Math.*, Vol. 13, pp.127–143, 1961–1962.

18. Analytical studies on fluctuations found in time series of daily milk yield (with H. Matsumoto and Y. Saigusa), *National Institute of Animal Health Quarterly*, Vol. 2, pp.161–171, 1962.

19. Some estimation of vehicle suspension system's frequency response by cross-spectral method (with I. Kaneshige), *Proceedings of the 12th Japan National Congress for Appl. Mech.*, Theoretical and Applied Mechanics, Japan National Committee for Theoretical and Applied Mechanics, Science Council of Japan, pp.241–244, 1962.

20. On the design of lag window for the estimation of spectra, *Ann. Inst. Statist. Math.*, Vol. 14, pp.1–21, 1962–1963.

21. On the statistical estimation of frequency response function (with Y.

Yamanouchi), *Ann. Inst. Statist. Math.*, Vol. 14, pp.23–56, 1962–1963.

22. Statistical measurement of frequency response function, *Ann. Inst. Statist. Math.*, Supplement III, pp.5–17, 1964.

23. An analysis of statistical response of backrash (with I. Kaneshige), *Ann. Inst. Statist. Math.*, Supplememt III, pp.99–102, 1964.

24. On the statistical estimation of the frequency response function of a system having multiple input, *Ann. Inst. Statist. Math.*, Vol. 17, pp.185–210, 1965.

25. Note on the higher order spectra, *Ann. Inst. Statist. Math.*, Vol. 18, pp.123–126, 1966.

26. On the use of non-Gaussian process in the identification of a linear dynamic system, *Ann. Inst. Statist. Math.*, Vol. 18, pp.269–276, 1966.

27. Some problems in the application of the cross-spectral method, *Spectral Analysis of Time Series*, B. Harris ed., pp.81–107, John Wiley, 1967.

28. On the use of an index of bias in the estimation of power spectra, *Ann. Inst. Statist. Math.*, Vol. 20, pp.55–69, 1968.

29. Low pass filter design, *Ann. Inst. Statist. Math.*, Vol. 20, pp.271–297, 1968.

30. On the use of a linear model for the identification of feedback systems, *Ann. Inst. Statist. Math.*, Vol. 20, pp.425–439, 1968.

31. A method of statistical identification of discrete time parameter linear systems, *Ann. Inst. Statist. Math.*, Vol. 21, pp.225–242, 1969.

32. Fitting autoregressive models for prediction, *Ann. Inst. Statist. Math.*, Vol. 21, pp.243–247, 1969.

33. Power spectrum estimation through autoregressive model fitting, *Ann. Inst. Statist. Math.*, Vol. 21, pp.407–419, 1969.

34. Implementation of computer control of a cement rotary kiln through data analysis (with T. Otomo and T. Nakagawa), *Preprints, Tech.*

Session 66, Fourth Congress of IFAC, Warszawa, pp.115–140, June, 1969.

35. Load history effects on structural fatigue (with S. R. Swanson), *Proc. Institute of Environmental Sciences*, pp.66–77, 1969.
36. Statistical predictor identification, *Ann. Inst. Statist. Math.*, Vol. 22, pp.203–217, 1970.
37. A fundamental relation between predictor identification and power spectrum estimation, *Ann. Inst. Statist. Math.*, Vol. 22, pp.219–223, 1970.
38. On a decision procedure for system identification, *Preprints, IFAC Kyoto Symposium on System Engineering Approach to Computer Control*, pp.485–490, 1970.
39. On a semi-automatic power spectrum estimation procedure, *Proc. 3rd Hawaii International Conference on System Sciences*, pp.974–977, 1970.
40. Autoregressive model fitting for control, *Ann. Inst. Statist. Math.*, Vol. 23, pp.163–180, 1971.
41. Automatic data structure search by the maximum likelihood, *Computers in Biomedicine, Supplement to Proc. 5th Hawaii International Conference on System Sciences*, Western Periodicals Company, pp.99–101, 1972.
42. Statistical approach to computer control of cement rotary kilns (with T. Otomo and T. Nakagawa), *Automatica*, Vol. 8, pp.35–48, 1972.
43. Use of an information theoretic quantity for statistical model identification, *Proc. 5th Hawaii International Conference on System Sciences*, Western Periodicals Company, pp.249–250, 1972.
44. Block Toeplitz matrix inversion, *SIAM J. Appl. Math.*, Vol. 24, pp.234–241, 1973.
45. Information theory and an extension of the maximum likelihood principle, *Proc. 2nd International Symposium on Information Theory*, B. N. Petrov and F. Csaki eds., pp.267–281, Akademiai Kiado, Budapest,

1973. (Reproduced in Breakthroughs in Statistics, Vol. I, Foundations and Basic Theory, S. Kotz and N. L. Johnson eds., pp.610–624, Springer-Verlag, New York, 1992.)

46. Maximum likelihood estimation of structural parameters from random vibration data (with W. Gersch and N. N. Nielsen), *Journal of Sound and Vibration*, Vol. 31, pp.295–308, 1973.

47. Maximum likelihood identification of Gaussian autoregressive moving average models, *Biometrika*, Vol. 60, pp.255–265, 1973.

48. Stochastic theory of minimal realization, *IEEE Trans. Automat. Contr.*, Vol.19, pp.667–674, 1974.

49. A new look at the statistical model identification, *IEEE Trans. Automat. Contr.*, Vol.19, pp.716–723, 1974.

50. Markovian representation of stochastic processes and its application to the analysis of autoregressive moving average processes, *Ann. Inst. Statist. Math.*, Vol. 26, pp.363–387, 1974.

51. Markovian representation of stochastic processes by canonical variables, *SIAM J. Control*, Vol. 13, pp.162–173, 1975.

52. TIMSAC-74, A time series analysis and control program package (1) (with E. Arahata and T. Ozaki), *Computer Sciences Monographs*, No. 5, The Institute of Statistical Mathematics, Tokyo, March, 1975.

53. TIMSAC-74, A time series analysis and control program package (2) (with E. Arahata and T. Ozaki), *Computer Science Monographs*, No. 6, The Institute of Statistical Mathematics, Tokyo, 1976.

54. An objective use of Bayesian models, *Ann. Inst. Statist. Math.*, Vol. 29, pp.9–20, 1977.

55. An extension of the method of maximum likelihood and the Stein's problem, *Ann. Inst. Statist. Math.*, Vol. 29, pp.153–164, 1977.

56. Canonical correlation analysis of time series and the use of an information criterion, *System Identification: Advances and Case Studies*, D. G. Lainiotis and R. K. Mehra eds., Academic Press, pp.27–96, 1977.

57. Information and statistical model building, *Towards a Plan of Actions for Mankind*, Vol. 4, M. Marois ed., Pergamon Press, Oxford, pp.147–151, 1977.
58. On entropy maximization principle, *Applications of Statistics*, P. R. Krishnaiah ed., North-Holland Publishing Company, pp.27–41, 1977.
59. On the statistical model of the Chandler Wobble (with M. Ooe and Y. Kaneko), *Publications of the International Latitude Observatory*, Vol. 9, No. 1, 1977.
60. Spectrum estimation through parametric model fitting, *Stochastic Problems in Dynamics*, B. L. Clarkson ed., Pitman Publishing, London, pp.348–363, 1977.
61. Bayesian analysis of the minimum AIC procedure, *Ann. Inst. Statist. Math.*, Vol. 30, pp.9–14, 1978.
62. Analysis of cross classified data by AIC (with Y. Sakamoto), *Ann. Inst. Statist. Math.*, Vol. 30, pp.185–197, 1978.
63. A procedure for the modeling of non-stationary time series (with G. Kitagawa), *Ann. Inst. Statist. Math.*, Vol. 30, pp.351–363, 1978.
64. Covariance matrix computation of the state variable of a stationary Gaussian process, *Ann. Inst. Statist. Math.*, Vol. 30, pp.499–504, 1978.
65. A new look at the Bayes Procedure, *Biometrika*, Vol. 65, pp.53–59, 1978.
66. Comments on: "On model structure testing in system identification", *Int. J. Control*, Vol. 27, pp.323–324, 1978.
67. Galthy, a probability density estimator (with E. Arahata), *Computer Science Monographs*, No. 9, The Institute of Statistical Mathematics, Tokyo, 1978.
68. On the likelihood of a time series model, *The Statistician*, Vol. 27, pp.217–235, 1978.
69. Time series analysis and control through parametric models, *Applied*

Time Series Analysis, D. F. Findley ed., Academic Press, New York, pp.1–23, 1978.

70. Robot data screening of cross-classified data by an information criterion (with Y. Sakamoto), *Proceedings of the International Conference on Cybernetics and Society*, Vol. 1, IEEE, pp.398–403, 1978.

71. On newer statistical approaches to parameter estimation and structure determination, *A Link Between Science and Applications of Automatic Control*, Vol. 3, A. Niemi ed., Pergamon Press, Oxford, pp.1877–1884, 1979.

72. A Bayesian extension of the minimum AIC procedure of autoregressive model fitting, *Biometrika*, Vol. 66, pp.237–242, 1979.

73. Application of optimal control system to a supercritical thermal power plant (with H. Nakamura, M. Uchida and T. Kitami), *1979 Control of Power Systems Conference Record*, IEEE, New York, pp.10–14, 1979.

74. TIMSAC-78 (with G. Kitagawa, E. Arahata and F. Tada), *Computer Science Monographs*, No. 11, The Institute of Statistical Mathematics, Tokyo, 1979.

75. On the construction of composite time series models, *Proceedings of the 42nd Session of the International Statistical Institute*, Vol. 1, pp.411–422, 1979.

76. Use of statistical identification for optimal control of a supercritical thermal power plant (with H. Nakamura), *Identification and System Parameter Estimation*, R. Isermann ed., Pergamon Press, Oxford and New York, pp.221–232, 1979.

77. A Bayesian approach to the trading-day adjustment of monthly data (with M. Ishiguro), *Time Series Analysis*, O. D. Anderson and M. R. Perryman eds., North-Holland, Amsterdam, pp.213–226, 1980.

78. BAYSEA, A Bayesian seasonal adjustment program (with M. Ishiguro), *Computer Science Monographs*, No. 13, The Institute of Statistical Mathematics, Tokyo, 1980.

79. Seasonal adjustment by a Bayesian modeling, *Journal of Time Series Analysis*, Vol. 1, No. 1, pp.1–13, 1980.
80. The interpretation of improper prior distributions as limits of data dependent proper prior distributions, *J. R. Statist. Soc. B*, Vol. 42, pp.46–52, 1980.
81. Ignorance prior distribution of a hyperparameter and Stein's estimator, *Ann. Inst. Statist. Math.*, Vol. 32, pp.171–179, 1980.
82. On the use of the predictive likelihood of a Gaussian model, *Ann. Inst. Statist. Math.*, Vol. 32, pp.311–324, 1980.
83. Trend estimation with missing observation (with M. Ishiguro), *Ann. Inst. Statist. Math.*, Vol. 32, pp.481–488, 1980.
84. Likelihood and the Bayes procedure, *Bayesian Statistics*, J. M. Bernardo, M. H. DeGroot, D.V. Lindley and A. F. M. Smith eds., University Press, Valencia, Spain, pp.143-166, 1980, (discussion, pp.185–203).
85. On the identification of state space models and their use in control, *Directions in Time Series*, D. R. Brillinger and G. C. Tiao eds., The Institute of Mathematical Statistics, California, pp.175–187, 1980.
86. Likelihood of a model and information criteria, *Journal of Econometrics*, Vol. 16, pp.3–14, 1981.
87. Modern development of statistical methods, *Trends and Progress in System Identification*, P. Eykhoff ed., Pergamon Press, Oxford, pp.169–184, 1981.
88. On the fallacy of the likelihood principle, *Statistics and Probability Letters*, Vol. 1, pp.75–78, 1981.
89. On TIMSAC-78 (with G. Kitagawa), *Applied Time Series Analysis II*, D. F. Findley ed., pp.499–547, 1981.
90. Recent development of statistical methods for spectrum estimation, *Recent Advances in EEG and EMG Data Processing*, N. Yamaguchi and K. Fujisawa eds., Elsevier/North-Holland Biomedical Press, Amsterdam, pp.63–78, 1981.

91. Statistical identification for optimal control of supercritical thermal power plants (with H. Nakamura), *Automatica*, Vol. 17, pp.143–155, 1981.
92. Statistical information processing system for prediction and control, *Scientific Information Systems in Japan*, H. Inoue ed., North-Holland, Amsterdam, pp.237–241, 1981.
93. On linear intensity models for mixed doubly stochastic Poisson and self-exciting point processes (with Y. Ogata), *J. R. Statist. Soc. B*, Vol. 44, pp.102–107, 1982.
94. The application of linear intensity models to the investigation of causal relations between a point process and another stochastic process (with Y. Ogata and K. Katsura), *Ann. Inst. Statist. Math.*, Vol. 34, pp.373–387, 1982.
95. A quasi Bayesian approach to outlier detection (with G. Kitagawa), *Ann. Inst. Statist. Math.*, Vol. 34, pp.389–398, 1982.
96. A Bayesian approach to the analysis of earth tides (with M. Ishiguro, H. Ooe and S. Nakai), *Proceedings of the Ninth International Symposium on Earth Tides*, J. T. Kuo ed., pp.283–292, 1983.
97. Comparative study of the X-11 and BAYSEA procedures of seasonal adjustment, *Applied Time Series Analysis of Economic Data*, Amold Zellner ed., Economic Research Report ER-5, U. S. Department of Commerce, Bureau of the Census, pp.17–30, 1983.
98. Information measures and model selection, *Proc. 44th Session of the International Statistical Institute*, Vol. 1, pp.277–290, 1983.
99. On minimum information prior distribution, *Ann. Inst. Statist. Math.*, Vol. 35, pp.139–149, 1983.
100. Statistical inference and measurement of entropy, *Scientific Inference, Data Analysis, and Robustness*, Academic Press, pp.165–189, 1983.
101. Comment, *Journal of Business and Economic Statistics*, Vol. 2, No. 4, pp.321–322, 1984.

102. On the use of Bayesian models in time series analysis, *Robust and Nonlinear Time Series Analysis*, J. Franke, W. Hardle and D. Martin eds., Springer-Verlag, New York, pp.1–16, 1984.
103. Prediction and entropy, *A Celebration of Statistics*, A. C. Atkinson and E. Fienberg eds., Springer-Verlag, New York, pp.1–24, 1985.
104. TIMSAC-84 Part 1 and 2 (with T. Ozaki *et al.*), *Computer Science Monographs*, No. 22 and 23, The Institute of Statistical Mathematics, Tokyo, 1985.
105. Autoregressive models provide stochastic descriptions of homeostatic processes in the body (with T. Wada and E. Kato), *Japanese Journal of Nephrology*, Vol. 28, pp.263–268, 1986.
106. Frequency dependency of causal factors for hypertension in hemodialysis patients (with T. Wada, S. Sudoh and E. Kato), *Japanese Journal of Nephrology*, Vol. 28, pp.1237–1243, 1986.
107. The selection of smoothness priors for distributed lag estimation, *Bayesian Inference and Decision Techniques with Applications: Essays in Honor of Bruno de Finetti*, P. K. Goel and A. Zellner eds., North-Holland, Amsterdam, pp.109–118, 1986.
108. Use of statistical models for time series analysis, *Proceedings of the International Conference on Acoustics, Speech and Signal Processing*, ICASSP 86, Tokyo, IEEE, pp.3147–3155, 1986.
109. Some reflections on the modeling of time series, *Time Series and Econometric Modeling*, I. B. MacNeill and G. J. Umphrey eds., Reidel, Dordrecht, pp.13–28, 1987.
110. Comment on "Prediction of future observations in growth curve models" by C. R. Rao, *Statistical Science*, Vol. 2, pp.464–465, 1987.
111. Factor analysis and AIC, *Psychometrika*, Vol. 3, pp.317–332, 1987.
112. Applications of multivariate autoregressive modeling for an analysis of immunologic networks in man (with T. Wada, Y. Yamada and E. Udagawa), *Computers and Mathematics with Applications*, Vol. 15,

pp.713–722, 1988.
113. Application of the multivariate autoregressive model, *Advances in Statistical Analysis and Statistical Computing*, Vol. 2, R. S. Mariano ed., JAI Press, Greenwich, Connecticutt, pp.43–58, 1989.
114. Bayesian modeling for time series analysis, *Advances in Statistical Analysis and Statistical Computing*, Vol. 2, R. S. Mariano ed., JAI Press, Greenwich, Connecticutt, pp.59–69, 1989.
115. DALL: Davidon's algorithm for log likelihood maximization – A Fortran subroutine for statistical model builders – (with M. Ishiguro), *Computer Science Monographs*, No. 25, The Institute of Statistical Mathematics, Tokyo, 1989.
116. Comment on "The unity and diversity of probability" by Glenn Shafer, *Statistical Science*, Vol. 5, pp.444–446, 1990.
117. Experiences on the development of time series models, *Proceedings of the First US/JAPAN Conference on the Frontiers of Statistical Modeling: An Informational Approach*, Vol. 1, H. Bozdogan ed., Kluwer Academic Publishers, Dordrecht, pp.33–42, 1994.
118. Implications of informational point of view on the development of statistical science, *Proceedings of the First US/JAPAN Conference on the Frontiers of Statistical Modeling: An Informational Approach*, Vol. 3, H. Bozdogan ed., Kluwer Academic Publishers, Dordrecht, pp.27–38, 1994.
119. On the role of statistical reasoning in the process of identification, *SYSID' 97, 11th IFAC Symposium on System Identification*, G. Sawaragi and S. Sagara eds., Vol.1, pp.1–8, 1997.
120. On the strategy for efficient realization of statistical reasoning, *Proceedings of the XXXth International ASTIN Colloquium*, The Institute of Actuaries of Japan, pp.1–8, 1999.
121. Golf swing motion analysis: An experiment on the use of verbal analysis in statistical reasoning, *Ann. Inst. Statist. Math.*, Vol. 53, pp.1–10,

2001.

122. On the art of modeling; Illustrated with the analysis of the golf swing motion, *Science of Modeling, Proceedings of the 30th Anniversary of the Information Criterion AIC*, The Institute of Statistical Mathematics, pp.1–9, 2003.

和文論文

1. 傳播現象の統計数理的解析 I ―マイクロウェイブに於けるフェイディングの一分析―, 統計数理研究輯報, 第 11 号, pp.1–90, 1953.
2. 系列現象の統計的解析 II ―株価変動の統計的解析―, 統計数理研究所彙報, 第 1 巻, 第 2 号, pp.47–62, and pp.57–58, 1954.
3. カルナップ 確率の論理学的基礎, 科学基礎論研究, Vol. 1, No. 4, pp.36–41, 1955.
4. 系列現象の統計的解析 III ―株価と新聞内容の統計的解析―, 統計数理研究所彙報, 第 3 巻, 第 1 号, pp.3–26, 1955.
5. 系列現象の統計的解析 IV ―モンテカルロ法へのリレー計算機の利用について― (三枝八重子と共著), 統計数理研究所彙報, 第 5 巻, 第 1 号, pp.58–65, 1957.
6. 系列現象の統計的解析 V(1) ―間隔過程と繰糸工程管理―, 統計数理研究所彙報, 第 5 巻, 第 2 号, pp.133–139, 1958.
7. 確率過程に関する統計理論の発展の方向について, 統計数理研究所彙報, 第 7 巻, 第 1 号, pp.65–80, 1959.
8. 密度関数の統計的推定について, 統計数理研究所彙報, 第 12 巻, 第 1 号, pp.117–131, 1964.
9. 製糸工程の統計的管理法に関する研究 IV, 自動繰糸工程における煮熟繭移行の管理に関する研究 (嶋崎昭典と共著), 蚕糸試験場報告, 第 20 巻, 第 2 号, pp.71–186, 1966.
10. スペクトル解析, 相関関数およびスペクトル ―その測定と応用―, 磯部孝編, 東京大学出版会, pp.28–46, 1968.

11. 時系列解析の現況, 計測と制御, 第 8 巻, 第 3 号, pp.176–182, 1969.
12. 時系列の解析と予測と制御, 科学基礎論研究, 第 10 巻, 第 2 号, pp.73–77, 1971.
13. 統計的モデルの決定のための新しい方法について, Computation & Analysis Seminar, Japan, Vol. 6, No. 1, pp.43–51, 1974.
14. 統計的システムの表現, 電気学会雑誌, 第 95 巻, 第 2 号, pp.25–31, 1975. 117–123.
15. 情報量規準 AIC とは何か, 数理科学, 第 14 巻, 第 3 号, pp.5–11, 1976.
16. 統計的情報とシステム理論, 数学, 第 29 巻, 第 2 号, pp.97–109, 1977.
17. 確率系の実現問題, 計測と制御, 第 17 巻, 第 12 号, pp.891–898, 1978.
18. 火力発電プラントの最適制御のための統計的アプローチ (中村秀雄, 平野敏彦と共著), 電気学会論文誌, 第 98 巻 B, 第 7 号, pp.601–608, 1979.
19. 統計的検定の新しい考え方, 数理科学, 第 17 巻, 第 12 号, pp.51–57, 1979.
20. エントロピーとモデルの尤度, 日本物理学会誌, 第 35 巻, 第 7 号, pp.608–614, 1980.
21. 統計的推論のパラダイムの変遷について, 統計数理研究所彙報, 第 27 巻, 第 1 号, 1980.
22. モデルによってデータを測る, 数理科学, 第 19 巻, 第 3 号, pp.7–10, 1981.
23. 統計とエントロピー, 数学セミナー, 第 21 巻, 第 12 号, pp.2–12, 1982.
24. 比較代表制の確率論的分析, 統計数理研究所彙報, 第 31 巻, 第 2 号, pp.129–132, 1983.
25. 確率の解釈における困難について, 統計数理研究所彙報, 第 32 巻, 第 2 号, pp.117–128, 1984.
26. エントロピーを巡る混乱, 数理科学, 第 23 巻, 第 1 号, pp.53–57, 1985.
27. AIC による推論, 科学基礎論研究, 第 19 巻, 第 2 号, pp.73–79, 1989.
28. 知識の科学としての統計学, 科学, Vol. 59, No. 7, pp.446–454, 1989.
29. 統計学研究の方策について, 日本統計学会誌, 第 19 巻, 第 2 号, pp.123–128, 1989.
30. 事前分布の選択とその応用, ベイズ統計学とその応用, 鈴木雪夫・国友直人編, 東京大学出版会, pp.81–98, 1989.

31. 研究者と運鈍根，学術振興のすすめ (1)，沢田敏男編，学術新書 5，日本学術振興会，pp.20–21, 1991.
32. 計算機社会と統計的データ処理，日本統計学会誌，第 21 巻，第 3 号 (増刊号)，pp.323–327, 1992.
33. 統計モデルによるデータ解析，脳と発達，第 24 巻，第 2 号，pp.127–133, 1992.
34. モデルを通してデータを読む，トライボロジスト，Vol. 40, No. 7, pp.573–578, 1995.
35. AIC と MDL と BIC，オペレーションズ・リサーチ，Vol. 41, No. 7, pp.375–378, 1996.
36. 統計的思考と応用数理 —前提となるモデル化の技（わざ）—，応用数理の遊歩道 (16)，応用数理，第 9 巻，第 1 号，pp.66–68, 1999.
37. 統計的思考と応用数理 —形式的な確率的構造の利用—，応用数理の遊歩道 (17)，応用数理，第 9 巻，第 2 号，pp.69–71, 1999.
38. 統計的思考と応用数理 —偏見との闘い—，応用数理の遊歩道 (18)，応用数理，第 9 巻，第 3 号，pp.68–70, 1999.
39. 統計的思考と応用数理 —意図と構造—，応用数理の遊歩道 (19)，応用数理，第 9 巻，第 4 号，pp.64–66, 1999.
40. ゴルフと統計と科学，第 15 回生体・生理工学シンポジウム論文集，計測自動制御学会，pp.5–8, 2000.
41. 真理への近さを測る，ゆらぎの科学と技術，山本光璋・鷹野致和編，東北大学出版会，pp.13–21, 2004.
42. モデリングの技：ゴルフスイングの解析を例として，オペレーションズ・リサーチ，第 50 巻，第 8 号，pp.519–524, 2005.

第I編 索引

■欧文■
AIC　14

■ア行■
アブダクション　15

イメージ　25
　　——と意図　25

オッカムの剃刀　15
温故知新　5

■カ行■
確率　3

生糸繰糸工程　5
季節調整法　16
期待値　4

けちの原理　29

ゴルフスイング動作　26

■サ行■
最尤法　14, 20

自己回帰モデル　8
シャノン　19
周波数応答関数　7
情報データ群　30
情報量　13, 19

情報量規準 (AIC)　10, 13, 20
真の分布　19

■タ行■
対数尤度の間主観性　19

地球潮汐の解析　16

通信理論　19

統計的推論　31

■ナ行■
脳の働き　23

■ハ行■
パワースペクトル　6

ピークシフト　23

複雑さ　29
プロセスの最適制御　8

ベイズモデル　15

ボルツマン　19

■マ行■
目的意識　17

■ヤ行■
有意性検定　24
尤度　12

■ラ行■
ラマチャンドラン　23

リトロダクション　15

ロダン　25, 28

AKAIKE INFORMATION CRITERION

第 II 編

1. 赤池情報量規準 AIC
　　──その思想と新展開（甘利俊一）
2. 情報量規準と統計的モデリング（北川源四郎）
3. 情報学における More is different（樺島祥介）
4. モデル選択とブートストラップ（下平英寿）

1. 赤池情報量規準 AIC
——その思想と新展開

▶甘利俊一

はじめに

　赤池情報量規準 AIC は，古典統計学の世界に新しい統計科学というべき大きな枠組みを与えた．統計科学で想定するモデルの選択をめぐって，新しい考え方が提起され，モデルを必要とする多くの応用分野に使用されている．しかし，モデル選択をめぐって後に最小記述長規準 MDL などが提案され，どちらが良いか論争が続けられている．

　本章は，赤池情報量のもつ意義と最小記述長規準との違いを明確にし，新しく発生するデータを処理するのに，赤池情報量規準の考え方が妥当であることを明らかにする．そのうえで，階層的なモデル族を取り扱うときに，多くの場合それが特異統計モデルになること，この場合には AIC も MDL もそれぞれ補正を要することを示す．これまでのシミュレーションによる，どちらの規準が良いかという論争は，実はその背景に特異統計モデルがあり，これを無視していたために起こった混乱であった．

1.1 赤池情報量規準 AIC が統計科学にもたらしたもの

1.1.1 数理統計学の古典的枠組み

統計学の古典的な枠組みをまず述べよう．観測データ $x_1, \cdots, x_n$ があったときに，推定論は統計的モデル $M = \{p(x, \theta)\}$ を仮定する．ここに，$p(x, \theta)$ は観測されるデータ x の確率分布で，未知の（ベクトル）パラメータ θ で指定される．このような確率分布の集まりを統計的モデルという．n 個のデータ $D = \{x_1, \cdots, x_n\}$ がこの分布から独立に生成されたとして，ここからパラメータ θ を決定すれば，分布が推定できる．

統計的モデルとして，もう少し一般的な回帰モデルや時系列モデルを使うことが多い．たとえば，入力信号 z があって，これに応じて観測データ x が確率的に決まる場合，x の確率分布は $p(x|z)$ と書ける．入力信号 z が確率分布に従うならば，これは条件付確率である．これが，パラメータを含む形で決まるモデルならば，以下のように書ける：

$$M = \{p(x|z; \theta)\} \tag{1.1}$$

典型的な例として，次の非線形回帰問題を考える．ベクトル変数 z の非線形関数 $g(z)$ があったとしよう．z を入力信号とし，x をそのときの出力とする．ただし，x は雑音 ε を含み，

$$x = g(z) + \varepsilon \tag{1.2}$$

であるとしよう．簡単のため，ε は平均 0 分散 1 のガウス分布とする．このとき，パラメータ θ を含む z の非線形関数 $f(z, \theta)$ を用いて，多数の入出力の観測データ $D = \{(z_1, x_1), \cdots, (z_n, x_n)\}$ からパラメータ θ を推定するのが，非線形回帰問題である．このとき，信号 z はある（未知の）確率分布に従うとすれば，$f(z, \theta)$ によって，x の条件付確率分布

$$p(x|z; \theta) = \frac{1}{\sqrt{2\pi}} \exp\left[-\frac{1}{2}\{x - f(z, \theta)\}^2\right] \tag{1.3}$$

が定まる．これが入出力関係を規定する統計モデル

$$M = \{p(x|z; \theta)\} \tag{1.4}$$

である．

f の関数形によって，いろいろな確率分布のモデルが考えられる．たとえば，ニューラルネットワークでよく使われる多層パーセプトロンを考えよう．これは，関数 f として

$$f(\boldsymbol{z}, \theta) = \sum_{i=1}^{k} v_i \varphi\left(\boldsymbol{w}_i \cdot \boldsymbol{z}\right) \tag{1.5}$$

のようなものを用いる．ここで $\boldsymbol{z}$ の成分を z_m，$\boldsymbol{w}_i$ もベクトルでその成分を w_{im} $(m = 1, 2, \cdots)$ とすれば内積は

$$\boldsymbol{w}_i \cdot \boldsymbol{z} = \sum_m w_{im} z_m \tag{1.6}$$

このモデルでは，入力信号 $\boldsymbol{z}$ に対して k 個の"ニューロン"（中間層のニューロン）がまずパラメータ $\boldsymbol{w}_i$ を用いて計算を行う．φ は定まった関数で，シグモイド状の関数，たとえば

$$\varphi(u) = \tanh(u) \tag{1.7}$$

などがよく使われる．各ニューロンが計算した信号を，もう一つの最終層のニューロンが重み付き線形和をとり，こうして計算された (1.5) がシステムからの出力信号と考える．ここで，線形重み v_i も未知パラメータである．ここで用いた $v_1, \cdots, v_k$ と $\boldsymbol{w}_1, \cdots, \boldsymbol{w}_k$ がパラメータ θ を構成する．

このとき，中間層のニューロンの数をいくつにするかで，いろいろなモデルが考えられる．そこで，中間層のニューロンの数を k とするモデルを

$$M_k = \{p(x|\boldsymbol{z}; \theta_k)\} \tag{1.8}$$

としよう．

$$\theta_k = (v_1, \cdots, v_k \,;\, \boldsymbol{w}_1, \cdots, \boldsymbol{w}_k) \tag{1.9}$$

である．このとき，M_{k-1} は M_k に含まれる（M_k で，重みの一つを 0 とおいたものが M_{k-1} である）．したがって，

$$M_1 \subset M_2 \subset \cdots \subset M_k \tag{1.10}$$

が成立する．こうしたモデルの族を階層的な統計的モデル族という．

時系列の場合は，エルゴード的な定常時系列 $\{x_1, \cdots, x_t\}$ を考える．このとき，十分大きな観測数があるとすれば，過去の時系列は観測できたとして，時点 t での観測値 x_t は，過去の観測値 $X_{t-1} = \{x_1, \cdots, x_{t-1}\}$ を用いて，条件付確率 $p(x_t|X_{t-1})$ で書ける．これがパラメータ θ に依存して決まる統計モデル

$$M = \{p(x_t|X_{t-1}\,;\,\theta)\} \tag{1.11}$$

を考えればよい．

条件付きであってもなくても仕組みは同じであるから，これからしばらく一番簡単なモデル族 (1.1) を例にとって，AIC の導出を説明しよう．回帰の場合は (z, x) をデータと考えればよい．

統計的モデル M が事前に正確にわかっていることは少ない．想定される統計的モデルがいくつかあったとして，それらを $M_1, \cdots, M_K$ としよう．検定論は，ある想定されたモデル M_k が妥当かどうか，観測されたデータをもとに他のモデルとの比較で調べ，このモデルは資格がないとして棄却するか，もしくは棄却できないといって決定を保留する．この論理は，だめなものを捨てるのには向いているが，どれかを積極的に選ぶ構造にはなっていない．

1.1.2 モデル選択

多数のモデル $M_1, \cdots, M_K$ が想定できるときに，観測データをもとに，どのモデルが良いか一つを選ぶことにしよう．これをモデル選択と呼ぶ．

仮に，どれか一つのモデルが正しく，実際のデータはここから発生したとしよう．このとき，このモデルを選択し，パラメータをできるだけ正確に推定しようというのは，ごく素直な考えである．

しかし，モデルを選択するのは，単に真理を求めるためではない．真理，すなわち真のパラメータの値はどのみち正確にはわからない．だから，発想を転換する．モデルを選択し，分布を求めるのは，これから未来に出るデータに対処するためである．たとえば，時系列モデルを扱っているとすれば，過去のデータから未来のデータを予測するためにある．また，回帰モデルならば，これから選ばれる入力信号に対して，系の応答をできるだけ正確に予測すること

である．

こう考えると，どうせ求まらない真のモデルを求めるのではなくて，将来をできるだけ正しく予測する，予測の科学としての統計学が考えられる．後で述べるが，観測データの数が限られているとき，無理に正しいモデルを求めるよりは，正しくないモデルのほうが良い予測を与える．

これが，モデル選択に対する赤池の思想で (Akaike (1974)[1])，従来の統計学からは得られない発想であった．

1.1.3 赤池情報量規準 AIC

いま，真の分布が存在したとして，それを $q(x)$ としよう．これは想定した分布族に入っていないかもしれない．さて，モデル M_k を用いて，パラメータ θ_k を推定したときに得られる確率分布を $p_k(x, \hat{\theta}_k)$ とする．ここで，観測数 n は大きいとして，推定は一次のオーダーで一番良いことが知られている最尤推定量 $\hat{\theta}_k$ を用いる．これが真の分布 $q(x)$ とどのくらい違うかを計る．この違いを計るのに，カルバック–ライブラーのダイバージェンスを用いる．分布 $q(x)$ から $p(x)$ へのカルバック–ライブラー (KL) ダイバージェンスとは

$$\mathrm{KL}\left[q(x):p(x)\right] = \int q(x) \log \frac{q(x)}{p(x)} dx \tag{1.12}$$

で定義される．この量は，$p=q$ のときは 0 になり，そうでなければ正の値をとる．これは確率分布の空間に導入される不変な擬距離で，クロスエントロピーとも呼ばれ，情報量と密接に関係している．詳しくは，たとえば情報幾何 (Amari and Nagaoka (2000)[3]) を参照されたい．

いま，モデル M_k を用いて推定した分布の良さを

$$\mathrm{KL}\left[q(x):p_k\left(x,\hat{\theta}_k\right)\right] \tag{1.13}$$

で計ろう．この量が小さいほど推定した $\hat{p}_k(x) = p_k\left(x, \hat{\theta}_k\right)$ は q に近いから，これが小さいほど良いモデルといえる．

(1.13) を書き直すと

$$\mathrm{KL}\left[q:\hat{p}_k\right] = \int q(x) \log q(x) dx - \int q(x) \log p_k\left(x,\hat{\theta}_k\right) dx \tag{1.14}$$

となる.ここで第一項は,分布 q のエントロピーの符号を変えたものであり,すべてのモデルに共通である.だから,実際には

$$l_k\left(\hat{\theta}_k\right) = -\int q(x)\log p_k\left(x,\hat{\theta}_k\right)dx \tag{1.15}$$

を最小にするモデル M_k を考えればよい.

この量を,実際に観測されたデータから推定することになる.ところがこれは,実際に出現したデータ D に依存して $\hat{\theta}_k$ が決まるから,確率変数である.モデル M_k がどのくらい良いかは,その期待値をとって良さを比べる.すなわち,

$$L_k = E\left[l_k\left(\hat{\theta}_k\right)\right] \tag{1.16}$$

をいろいろなモデル M_k に対して比べるのである.ここに E は $\hat{\theta}_k$ に対する期待値である.

ここで l_k や L_k は未知の $q(x)$ を使って期待値をとるから,このままでは計算できない.そこで,l_k の代わりにデータ $D = \{x_1,\cdots,x_n\}$ を用いた

$$\hat{l}_k\left(\hat{\theta}_k\right) = -\frac{1}{n}\sum_{i=1}^{n}\log p_k\left(x_i,\hat{\theta}_k\right) \tag{1.17}$$

を考えよう.これは $q(x)$ による期待値をデータによる平均値で代用したものである.これをもとに,L_k を推定してみたい.

ここで損失を最小にするという立場で考えよう.$\hat{l}_k$ は,データ一つごとに損失関数 $-\log p_k(x_i,\hat{\theta}_k)$ を考え,その和を最小にするという構図になっている.損失がデータ x_i の出る確率の対数関数であるから,これを対数損失と呼ぶ.

機械学習という分野で考えると損失はわかりやすい(麻生編 (2005)[5]; 村田 (2006)[11]).機械学習では,回帰の場合,入力データ z に対して出力 x を確率的に発生する条件付確率のモデル (1.3) を考え,これまでに発生したデータの組 $D = \{(z_1,x_1),\cdots,(z_n,x_n)\}$ をもとに,モデル M のパラメータ θ を調節して将来のデータ z に対して良い答 x を予測しようというものである.このとき観測データは入出力の組である.

モデル M を用いた場合,将来の入力 z に対する答を x としよう.M による推定量 $\hat{\theta}$ を用いれば,出力の予測は $\hat{x} = f(z,\hat{\theta})$ である.したがって,予測の

二乗誤差の 1/2 倍は

$$\frac{1}{2}(x-\hat{x})^2 = -\log p\left(x|\boldsymbol{z};\hat{\theta}\right) \tag{1.18}$$

である．この場合対数損失は予測の二乗誤差となる．

対数損失の期待値は

$$l_{\text{gen}}\left(\hat{\theta}\right) = E\left[-\log p\left(x|\boldsymbol{z};\hat{\theta}\right)\right] \tag{1.19}$$

である．ここで E は将来のデータ $(\boldsymbol{z},x)$ に対する期待値である．これを汎化損失または汎化誤差と呼ぶ．この量は直接には計算できない．我々が真の分布 $q(x|\boldsymbol{z})$ と $\boldsymbol{z}$ の分布とを知らないからである．そこで，今までに出たデータを用いて算術平均で計算したものを

$$l_{\text{train}}\left(\hat{\theta}\right) = -\frac{1}{n}\sum \log p\left(x_i|\boldsymbol{z}_i;\hat{\theta}\right) \tag{1.20}$$

とおこう．これは，観測されたデータ D を用いて，この機械がもし過去のデータを予測したらどれだけの損失をもつかを測ったものだから，経験損失または訓練誤差と呼ぶ．これは，データから計算できる．そこで，問題は訓練誤差から汎化誤差を推定することである．一生懸命に訓練誤差を小さくしたところで，それが将来の予測に役に立たなければ何にもならない．目的は汎化誤差を小さくすることである．データから隠された構造をどれだけ一般化して推論できるのか，観測されたデータから構造をどれだけ汎化できるのかが問われる．

1.2 AIC の導出と一般的な考察

1.2.1 AIC の導出

真の分布 $q(x)$ が与えられたとき，モデル M_k の中でこれに最も近い分布を $p\left(x,\theta_k^0\right)$，またデータ D をもとにした最尤推定量を $\hat{\theta}_k$ とし，その定める分布を $p_k\left(x,\hat{\theta}_k\right)$ としよう．さらに，記述を簡単にするために

$$\hat{q}(x) = \frac{1}{n}\sum_{i=1}^{n}\delta\left(x-x_i\right) \tag{1.21}$$

をデータの経験分布とする．ここで $\delta(x)$ はデルタ関数である．データによる関数 $f(x)$ の平均値は，経験分布を用いた期待値

$$\frac{1}{n}\sum_{i=1}^{n} f(x_i) = \int \hat{q}(x)f(x)dx = E_{\hat{q}}[f(x)] \tag{1.22}$$

と表すことができる．

θ_k^0 と $\hat{\theta}_k$ は，それぞれ

$$E_q\left[\nabla \log p\left(x, \theta_k^0\right)\right] = 0 \tag{1.23}$$

$$E_{\hat{q}}\left[\nabla \log p\left(x, \hat{\theta}_k\right)\right] = 0 \tag{1.24}$$

を満たす．ここで，∇ はパラメータ θ による偏微分からなる勾配ベクトル

$$\nabla f(\theta) = \left(\frac{\partial}{\partial \theta_1}f(\theta), \cdots, \frac{\partial}{\partial \theta_{p_k}}f(\theta)\right) \tag{1.25}$$

である．ここで p_k はモデル M_k を指定する θ_k の次元（パラメータ数）とする．もちろん θ_k^0 は未知だから，推定の誤差を δ として

$$\hat{\theta}_k = \theta_k^0 + \delta \tag{1.26}$$

と表す．

まず，データ D を固定し，したがって $\hat{\theta}$ も固定して，対数損失

$$l(x, \theta) = -\log p(x, \theta) \tag{1.27}$$

を用いて汎化誤差を次のように書き下そう．

$$\begin{aligned}
l_{\text{gen}}\left(\hat{\theta}\right) &= E_q\left[l\left(x, \hat{\theta}\right)\right] \\
&= E_q\left[l(x, \theta_0) + \nabla l(x, \theta_0)\left(\hat{\theta} - \theta_0\right) + \frac{1}{2}\nabla\nabla l(x, \theta_0)\left(\hat{\theta} - \theta_0\right)^2\right]
\end{aligned} \tag{1.28}$$

これは $l(x, \hat{\theta})$ を θ_0 のまわりでテイラー展開したものである．∇l は勾配，$\nabla\nabla l$ は行列であり $\nabla\nabla l(x, \theta_0)(\hat{\theta} - \theta)^2$ は正確には $(\hat{\theta} - \theta_0)^{\mathrm{T}}\nabla\nabla l(x, \theta_0)(\hat{\theta} - \theta_0)$ と書くべきものである．

ここで，行列
$$H = E_q\left[\nabla\nabla l\left(x, \theta_0\right)\right] \tag{1.29}$$
を用いると，
$$l_{\text{gen}}\left(\hat{\theta}\right) = E_q\left[l\left(x, \theta_0\right)\right] + \frac{1}{2}\left(\hat{\theta} - \theta_0\right)^{\text{T}} H\left(\hat{\theta} - \theta_0\right) \tag{1.30}$$
となる．ここで，$E_q\left[\nabla l\left(x, \theta_0\right)\right] = 0$ を用いている．次に，$E_q\left[l\left(x, \theta_0\right)\right]$ を l_{train} で近似することにして，$l\left(x, \theta_0\right)$ を $\hat{\theta}$ のまわりでテイラー展開し，
$$E_{\hat{q}}\left[l\left(x, \theta_0\right)\right] = E_{\hat{q}}\left[l\left(x, \hat{\theta}\right) - \nabla l\left(x, \hat{\theta}\right)\left(\hat{\theta} - \theta_0\right) + \frac{1}{2}\nabla\nabla l\left(x, \theta_0\right)\left(\hat{\theta} - \theta_0\right)^2\right] \tag{1.31}$$
で求める．
$$E_{\hat{q}}\left[\nabla l\left(x, \hat{\theta}\right)\right] = 0 \tag{1.32}$$
だから
$$E_{\hat{q}}\left[l\left(x, \theta_0\right)\right] = l_{\text{train}}\left(\hat{\theta}\right) + \frac{1}{2}\left(\hat{\theta} - \theta_0\right)^{\text{T}} H\left(\hat{\theta} - \theta_0\right) \tag{1.33}$$
と書けることがわかる．ここで，
$$E_q\left[\nabla l\left(x, \theta_0\right)\right] = E_{\hat{q}}[\nabla l] + \{E_q[\nabla l] - E_{\hat{q}}[\nabla l]\} \tag{1.34}$$
である．右辺第二項は 0 に収束するから，$E_q\left[\nabla l\left(x, \theta_0\right)\right]$ を $E_{\hat{q}}\left[\nabla l\left(x, \theta_0\right)\right]$ で置き換えてよい．ここから
$$l_{\text{gen}} = l_{\text{train}} + \left(\hat{\theta} - \theta_0\right)^{\text{T}} H\left(\hat{\theta} - \theta_0\right) \tag{1.35}$$
が得られる．

一方，$\hat{\theta}$ は出現したデータ $x_1, \cdots, x_n$ に依存する確率変数である．したがって，一般的な評価としてデータすなわち $\hat{\theta}$ に関する期待値をとると，
$$L_{\text{gen}} = L_{\text{train}} + \text{tr}(HK) \tag{1.36}$$
が得られる．ここで
$$K = E_q\left[\left(\hat{\theta} - \theta_0\right)\left(\hat{\theta} - \theta_0\right)^{\text{T}}\right] \tag{1.37}$$

とおいた．これは，隠れた構造である汎化誤差 L_gen を訓練誤差 L_train で評価する公式である．

ここで，真の分布 q は，モデル族の中に入っているとしよう．これを M_k とする．このとき，

$$H = K^{-1} = G \tag{1.38}$$

が成立し，これはフィッシャー情報行列

$$G = E_q \left[\nabla l (\nabla l)^\mathrm{T}\right] \tag{1.39}$$

である．ここで，モデル M_k のパラメータ θ_k は p_k 次元であるとすると，G は $p_k \times p_k$ の行列であるから，$\mathrm{tr}[HK] = \mathrm{tr}\left(GG^{-1}\right) = p_k$．ここで，$L_\text{gen}$ を $2n$ 倍すれば，有名な赤池情報量規準

$$\mathrm{AIC}\,(M_k) = -2 \sum_{i=1}^n \log p\left(x_i, \hat{\theta}_k\right) + 2p_k \tag{1.40}$$

が導かれる．第一項は経験誤差（対数損失）の $2n$ 倍である．AIC の導出については，たとえば小西・北川 (2004)[10] を参照のこと．

赤池情報量規準：モデル族，$M_1 \subset \cdots \subset M_K$ と，観測データ $x_1, \cdots, x_n$ が与えられたときに，

$$\mathrm{AIC}\,(M_k) = -2 \sum_{i=1}^n \log p\left(x_i, \hat{\theta}_k\right) + 2p_k \tag{1.41}$$

を最小にするモデル M_k を選択する．

1.2.2 データ数とモデルの複雑さ

モデル M_k に対する赤池情報量規準

$$\mathrm{AIC} = -2 \sum_{i=1}^n \log p\left(x_i, \hat{\theta}_k\right) + 2p_k \tag{1.42}$$

を見よう．これは二つの項からなる．第一項は，対数損失の期待値で，これはこのモデルを用いて分布を推定したときのデータの誤差項（訓練誤差）といえる．たとえば，非線形回帰問題を考えたとき，

$$\hat{x}_i = f\left(z_i, \hat{\theta}_k\right) \tag{1.43}$$

として
$$2n\hat{l}_k = \sum_{i=1}^{n}(x_i - \hat{x}_i)^2 \tag{1.44}$$

だから，この項は，観測されたデータ x_i とモデルが予想する出力 $\hat{x}_i$ の誤差の二乗である．p_k の大きなモデル，すなわちパラメータをたくさん含むモデルを用いれば，与えられたデータに対してうまく $\hat{\theta}_k$ を調節できてこの項は小さくできるだろう．だからといって，パラメータ数の大きい複雑なモデルを選べば良いということにはならない．複雑なモデルでは，推定するパラメータの数が多いため，たまたま観測されたデータに対して，損失を小さくするようにパラメータを過度に調節する．これは D に対しては良くても，$q(x)$ に対して良いというわけではない．つまり新しいデータには合わず，汎化誤差はかえって大きくなる．これをオーバーフィッティング（過適合）と呼ぶ．このため，過度に複雑なモデルを使うのは良くないとされる．

第二項がモデルの複雑さを抑える項である．複雑なモデルはこの項が大きくなるので，良くない．誤差項とモデルの複雑さとがバランスのとれたところでAICが最小となり，良いモデルが選ばれる．複雑さの罰金はパラメータ数の2倍であった．これが赤池マジックである．2といえば何でもない数に見える．しかし，この2が深い考察と，複雑な数式から巧みに導かれた．

興味あるのは，赤池情報量規準は必ずしも正しいモデルを選ばず，良いモデルを選ぶことである．"正しい"と"良い"とは違う．簡単な例でこれを示そう．いま，2次元の観測データ (x, y) が n 個観測されたとしよう．観測データは，共分散行列が単位行列の σ^2 倍であるような2次元ガウス分布に従うものとし，モデルとして，平均 μ_x, μ_y を未知パラメータとする2次元モデル

$$M_2 = \left\{ p(x,y;\theta) = \frac{1}{2\pi\sigma}\exp\left[-\frac{1}{2\sigma^2}\left\{(x-\mu_x)^2 + (y-\mu_y)^2\right\}\right]\right\};$$
$$\theta = (\mu_x, \mu_y) \tag{1.45}$$

と1次元モデル

$$M_1 = \left\{ p(x,y;\theta) = \frac{1}{2\pi\sigma}\exp\left[-\frac{1}{2\sigma^2}\left\{(x-\mu_x)^2 + y^2\right\}\right]\right\}; \theta = \mu_x \tag{1.46}$$

を考える．1次元モデルでは，y の期待値 μ_y は何らかの理由で0であると想定

できて，x の平均値 μ_x のみが問題である．さて，真の分布は，平均が $(\bar{\mu}_x, \bar{\mu}_y)$ であったとしよう．$\bar{\mu}_y$ が 0 でないときは，2 次元モデルが正しいモデルである．しかし，2 次元モデルの AIC は

$$\text{AIC}(M_2) = \frac{1}{\sigma^2} \sum_{i=1}^{n} \left\{ (x_i - \hat{\mu}_x)^2 + (y_i - \hat{\mu}_y)^2 \right\} + 2 \tag{1.47}$$

であり，1 次元モデルの AIC は

$$\text{AIC}(M_1) = \frac{1}{\sigma^2} \sum_{i=1}^{n} \left\{ (x_i - \hat{\mu}_x)^2 + y_i^2 \right\} + 1 \tag{1.48}$$

である．ここに

$$\hat{\mu}_x = \frac{1}{n} \sum_{i=1}^{n} x_i, \tag{1.49}$$

$$\hat{\mu}_y = \frac{1}{n} \sum_{i=1}^{n} y_i \tag{1.50}$$

とおいた．

$$\sum_{i=1}^{n} (y_i - \hat{\mu}_y)^2 = \sum_{i=1}^{n} y_i^2 + n\hat{\mu}_y^2 \tag{1.51}$$

であり，$E[\hat{\mu}_y] = \mu_y$ だから

$$\mu_y^2 < \frac{1}{n\sigma^2} \tag{1.52}$$

ならば，$\mu_y \neq 0$ でたとえ 2 次元モデルが正しいとわかっていても，あえて 1 次元モデルを用いるべきなのである．2 次元モデルにより μ_y を推定したときのばらつき誤差が，仮に 1 次元で $\mu_y = 0$ したときの誤り（バイアス）よりも大きくなるからである．

　AIC は，一般に KL ダイバージェンスを損失関数としてこれを正しく判定し，損失の少ないモデルを選ぶ．このため，AIC は正しくないモデルを選ぶことがあるが，このほうが良い．

1.3 AIC をめぐって

1.3.1 真の分布はどこにあるのか

AIC (1.41) は，真の分布 $q(x)$ がある M_k に対して，

$$q(x) = p\left(x, \theta_k^0\right) \tag{1.53}$$

となっていることを用いた．このとき，

$$H = K^{-1} = G \tag{1.54}$$

が成立する．これより大きいモデル $k' > k$ に対しては，階層モデル $M_{k'} \supset M_k$ の場合，$M_{k'}$ での最適パラメータ $\theta_{k'}^0$ は

$$p\left(x, \theta_{k'}^0\right) = p\left(x, \theta_k^0\right) \tag{1.55}$$

である．したがって，$M_{k'}$ でも

$$H = G \tag{1.56}$$

が成立し，$\mathrm{tr}\left[HG^{-1}\right] = p_{k'}$ である．

しかし，より小さいモデル $M_{k''} \subset M_k$ での AIC を評価するときは

$$H = E_q\left[\nabla\nabla l\left(x, \theta_{k''}^0\right)\right] \tag{1.57}$$

は

$$G = E_q\left[\nabla l\left(x, \theta_{k''}^0\right) \nabla l\left(x, \theta_{k''}^0\right)^{\mathrm{T}}\right] \tag{1.58}$$

とは違う．このことは竹内啓 (1976)[16] が指摘した問題点である．

しかし，モデル選択の場合，M_k での最適なパラメータ θ_k^0 と $M_{k''}$ でのパラメータ $\theta_{k''}^0$ が大きく違えば，l_{train} の項が大きく違ってくるため，オーダー 1 の項である $\mathrm{tr}\left[HG^{-1}\right]$ を問題にする必要はない．したがって，問題が起こるのは $p\left(x, \theta_k^0\right)$ と $p\left(x, \theta_{k''}^0\right)$ の分布が $1/\sqrt{n}$ 程度にずれているときの話である．このとき，H や G をデータから数値計算で求めてもよい．しかし，その理論値との差はそう大きくはないから，それほど違いを気にすることはない．

甘利は，θ_k^0 は $\theta_{k''}^0$ と補助統計量（アンシラリ統計量）の方向でずれていること，そのときの H と G の違いは $M_{k''} \subset M_k$ において，$M_{k''}$ の混合曲率 × 補助統計量で評価できることを示した（未発表）．したがって，混合曲率の小さいモデルにあっては，AIC からのずれであるこの項を無視して差し支えない．

1.3.2　AIC のばらつきと階層モデル

AIC (1.41) はランダムにばらつく統計量である．その期待値が，モデルの良さを表すから，実際に使うときはそこからのばらつきが気になる．これを評価すると，ばらつきは $\sqrt{n}$ のオーダーで

$$\mathrm{AIC}(M_k) = -2n\hat{l}_k + 2p_k + O\left(\sqrt{n}\right) \tag{1.59}$$

となることが竹内 (1976)[16] によって指摘された．第一項は n のオーダー，第二項は 1 のオーダーで，ばらつきが $\sqrt{n}$ のオーダーと第二項より大きい．しかし，考慮すべきモデル族として

$$M_1 \subset M_2 \subset \cdots \subset M_K \tag{1.60}$$

が成立するような階層的なものを考えれば，$\sqrt{n}$ のオーダーの項は，すべてのモデルに共通したものが現れるので，モデル間の性能の比較には影響を及ぼさない．したがって，AIC を有効に使用できる．

ところで，比較するモデルが階層的でなかった場合はどうなるだろう．このとき揺らぎによる誤差の影響は大きいかもしれない．それは，どういうモデルかによるのであって，うまくいく場合は階層的なモデルと同様に揺らぎが相殺するかもしれない．シミュレーションでは多くの場合大丈夫のようである．

1.3.3　一致性

一致性とは，統計的推論において，観測数 n が増えると，その極限で推定する確率分布が正しいものに収束することをいう．これは，望ましい性質である．

いま，階層的なモデルの族 $M_1 \subset \cdots \subset M_K$ を考え，真の分布が M_k に入っていたとしよう．このとき，観測数 n を大きくしていけば，AIC によるモデル選択で，いつでも正しいモデル M_k が選ばれるだろうか．

柴田里程は，この問題を解析し (Shibata (1976)[15])，AIC による選択は必ずしも正しい M_k を選ばず，これより少し大き目のモデル，たとえば M_{k+1} を選ぶ確率がかなりあることを示した．このため，AIC は一致性がないといわれる．

しかし，AIC が M_k を選べばそのパラメータ $\hat{\theta}_k$ は，真のものに漸近する．また，M_{k+1} を選んだ場合でも，そのときに推定されるパラメータ $\hat{\theta}_{k+1}$ は，実は M_k でのパラメータ $\hat{\theta}_k$ とは次元が違うもののそのずれは限りなく 0 に近いものになる．すなわち，推定される分布 $\hat{p}(x)$ は，どの M_k が選ばれようと，真の分布に漸近する．つまり，分布の意味で AIC は一致性がある．だから，モデルの次数にこだわる必要はない．

1.3.4 他の損失関数

AIC の導出は，KL ダイバージェンスをもとにしている．損失関数という立場でいえば，これは確率の対数の符号を変えたものを選んでいる．ニューラルネットワークなど，関数回帰の立場では，もっといろいろな損失関数を選んだほうが良い場合もある．

一般の損失関数を選んでも，先ほどと同じような解析で，AIC に対応する規準を導出できる．これは AIC の一般化である．村田らはニューラルネットワークを想定して，AIC を一般の損失に拡張した NIC (Network Information Criterion) を導出した (Murata, Yoshizawa and Amari (1994)[12])．

小西と北川は，より一般的な考察をもとにして，分布の汎関数を推定するという立場で一般化情報量規準 GIC (Generalized Information Criterion) を提唱している (Konishi and Kitagawa (1996)[9])．この二つは，思想は異なるが，実質としては同じ答を与える．

1.4 AIC をめぐる論争

AIC が提唱されると，制御や時系列の分野を中心に，生物学，経済学や地球科学などで幅広く使われ，統計科学の大きな変革につながった．しかし，AIC よりは良い規準があるという主張がいくつか現れて紛糾する．その論争を見

よう．

1.4.1　ベイズ情報量規準 BIC

AIC は一致性がないという主張があることは述べた．このため，ベイズ推論の立場からモデル選択が主張された（Schwarz (1978)[14]）．ベイズ推論では，真の分布がモデル M_k にあるとする事前確率 π_k，さらにそのパラメータ θ_k の事前確率 $\lambda(\theta_k)$ を仮定する．このとき，モデル M_k と，そのパラメータ θ_k が選ばれそこから，データ $D = \{x_1, \cdots, x_n\}$ が観測される同時確率分布が

$$P(D, \theta_k, M_k) = \pi_k \lambda(\theta_k) \prod_{i=1}^{n} p(x_i, \theta_k) \tag{1.61}$$

のように書ける．ベイズの公式を用い，さらにパラメータ θ_k について平均すれば，データを観測した後で，もとの分布がモデル M_k に含まれている事後確率

$$P(M_k|D) \tag{1.62}$$

が計算できる．

観測数が十分に大きい場合に，この式を漸近的に展開していくとベイズの情報量規準

$$\mathrm{BIC} = -2 \sum_{i=1}^{n} \log p\left(x_i, \hat{\theta}_k\right) + p_k \log n \tag{1.63}$$

が得られる．これは AIC と似た形をしているが，モデル選択の罰金項のところが 2 の代わりに $\log n$ になっている．ここを $\log n$ にすると，先に述べた，モデル選択で選ばれるモデルの次数は一致性をもつ．

しかし，ベイズのこの規準は，確率分布を一つ推定するのではなくて，モデルの中をまとめて，そのどこにあってもよいから真の分布がモデル M_k の中にある確率を求めている．その後で，選択されたモデルの中で分布を一つ推定する．したがって，BIC は特定のモデルに入っている確率をまとめて議論するだけであり，これにより将来のデータに対する予測が良いという積極的な理由はない．

1.4.2 ベイズ推論

ベイズの立場をもっと進め，観測データ D から，モデル M_k とその中のパラメータ θ_k の同時事後確率分布を求めるとしよう．

$$P(\theta_k, M_k | D) = \frac{P(D, \theta_k, M_k)}{P(D)} \tag{1.64}$$

$$P(D) = \sum_k \int P(D, \theta_k, M_k)\, d\theta_k \tag{1.65}$$

このとき，これを最大化する事後確率最大分布を求めれば，モデルと同時に，パラメータ θ_k の値が求まり，確率分布が推論される．

ベイズの立場は便利であり，構造の滑らかさなどの情報を事前分布として用いることができる．また，階層ベイズなど，事前分布を推論する手法もある．一方，これを過度に行うと，都合のよい勝手な分布が有利になるように事前分布を選ぶこともできるので，客観性が問題になる．ベイズ推論は便利で，しかも計算機の能力が上がった現在，実用になる良い手法ではある．しかし，これですべてが解決したと考えるのは早計である．

さらに，階層モデルの場合に，パラメータ空間で自然に見える滑らかな事前分布は，実はモデル族に内在する特異性によって，特異分布になる．ここから，小さいモデルに大きな確率を与える構造が現れる．これは後に述べるが，その規準が良いという必然性はない．

なお，ここでは述べないが，赤池は，パラメータ数が観測データ数に比べてはるかに大きいような場合の推論を考えて，ABIC という手法を提案している．これは，その後物理学研究者によって提案され，用いられているものと基本的に同じである．

1.4.3 記述長最小規準 MDL

Rissanen (1989)[13] は，データを保存するのに，情報が復元可能な範囲でどこまで圧縮できるかを考えた．データ $D = \{x_1, \cdots, x_n\}$ がある確率分布 $q(x)$ から出たものとしよう．このとき，最適な情報圧縮の符号化は，シャノンの情報理論が示すように，x のそれぞれに対して，$-\log q(x)$ の長さの符号を割り当てるのが良い．符号長は整数だから，これを整数に丸める．データをまと

めて $x_1\cdots x_n$ とし $q(x_1,\cdots,x_n) = \prod q(x_i)$ を分布として用いるのが効率が良い．これは，よく出るデータ x に対しては短い符号を，めったに出ないデータ x に対しては長い符号を割り当て，全体として符号の長さを最小にする．このとき，平均の符号長は，

$$H = -\int q(x)\log q(x)dx \tag{1.66}$$

つまりエントロピーである．

観測データについては，その確率分布 $q(x)$ はわかっていない．このため，データから確率分布を推定してこれをもとに符号化するのだが，ここにモデルを使う．モデルがたくさんあるときにどのモデルを使ったら符号長が短くなるだろう．ここでモデル選択が現れる．

観測データの（経験的）確率構造に近い（別の言葉でいえば訓練誤差の小さい）確率モデルを選定すれば符号化がうまくいって，データを短い符号長で符号化できる．しかし，復号化するために，どの確率分布を用いて符号化したか，そのとき使った確率分布つまりパラメータ θ_k の推定量を記録しておかないといけない．データの確率 $\hat{q}$ をよく再現する大きなモデルを用いれば，パラメータの数も多く，パラメータの値を符号化して記録するのに長い符号がいる．これが，複雑なモデルを選んだときの罰金項である．

こうして，記述符号長を計算すると，これは漸近的に

$$\mathrm{MDL} = -2\sum_{i=1}^{n}\log p\left(x_i,\hat{\theta}_k\right) + p_k\log n \tag{1.67}$$

となる．第一項は符号化したときの記述長である．これは訓練誤差に等しい．第二項は，$\hat{\theta}_k$ の成分である p_k 個のパラメータについて，その精度を $1/\sqrt{n}$ のオーダーまで書いて符号化するときの符号 $\log\sqrt{n}$ の2倍である．これを最小にするのが記述長最小規準 MDL (Minimum Description Length) である．結果的にはこれは BIC と一致する．したがって，先の意味での一致性をもつ．

正確にいうと，MDL で推定したパラメータ $\hat{\theta}_k$ を記述する情報量（符号の長さ）は，パラメータの空間のリーマン的体積を考えて，これを $1/\sqrt{n}$ の精度で量子化したものになる．ここに，フィッシャー情報量で計った体積の項が必要

になる．ところで，確率モデル M において，たとえば，何個かの観測（m 個としよう）をひとまとめにした積のモデル

$$p(x_1, \cdots, x_m; \theta) = \prod_{i=1}^{m} p(x_i, \theta) \tag{1.68}$$

を考えると，パラメータの数は同じでデータの数が m 分の一に減ってしまうように見える．このとき，$\log n$ の項が $\log(n/m)$ となる．m を非常に大きくしてみよう．たとえば $m = n$ とすれば，この項はなくなってしまう．こうなると，MDLの罰金項は意味をなさなくなる．これはMDLのパラドックスである．しかし，m 回の観測をまとめれば，フィッシャー情報行列は1回当たりの m 倍になる．罰金項は，全フィッシャー情報行列の体積の log として出てくるので，体積項を入れれば n は不変に保たれる．したがって，このパラドックスは解消する．

たしかに，独立同一分布からの観測でない場合，たとえば長い時系列の1回の観測の場合など，サンプル数 n を使うのは気持が悪い．ここでいう n はフィッシャー情報量（行列）の大きさであるとすると，すべて解決する．

1.5 AICとMDLはどちらが良いのか
——不毛な論争をふり返って

AICもMDLも，それぞれにしっかりした根拠があって導出された．これを現実の問題に使うときに，どちらを使ったら良いのだろう．AICは，真の確率分布と推定された確率分布の距離（KLダイバージェンス）を最小にするという基準で導出された．だから，真の分布に近いものを求めたければ，AICが良い．ちなみに，KLダイバージェンス以外の距離基準，たとえばヘリンガー距離や α-ダイバージェンスを考えても，二つの分布の不変なダイバージェンスは漸近的にはすべて同じフィッシャー的リーマン距離を与える．一方，MDLはデータの記述を最小にするという基準で導出されたから，実際に符号化してデータを蓄えたり伝送したりするにはこれが良い．

では，モデル選択という観点でどれが良いのか．これはモデル選択を何に使

うかにかかっている.しかし,どちらもモデル選択である.実際に,多くの研究者がいろいろな例題を用いて,どちらが良いかシミュレーションで求めようとした.その結果は奇妙なもので,ある例題に対してはAICが,他の例題に対してはMDLが良いという結論になり,どういうときにどうすればよいか,決着がついていない.これは奇妙なことである.

たとえば,ニューラルネットワークの多層パーセプトロンというモデルで,中間層の隠れニューロンの数をいくつにすれば良いかを決めようとすると,AICよりはMDLが良いというのが多くのシミュレーションの結果である.萩原はこれを追求して,モデルのなす空間の特異性に原因があると考えた (Hagiwara (2004)[8]).特異性を含むモデル族では,2節で述べたAICの導出がそのままでは使えないので,AICの式の変更が必要になる.MDLもそのままでは使えない.

通常の統計モデルは,正則である.ここでもう一度正則モデルで成り立つ事実を整理しておこう.すなわち,パラメータの空間はユークリッド空間と位相的に同じ(同相)で,フィッシャー情報行列が存在して正定値である.このとき,観測数 n が十分に大きいときの推定量の漸近的な振る舞いを調べると,クラメル-ラオの枠組みが成立する.すなわち,最尤推定量 $\hat{\theta}$ は漸近的に不偏なガウス分布に従い,その分散行列は

$$\mathrm{Var}\left[\hat{\theta}\right] = \frac{1}{n} G^{-1} \tag{1.69}$$

となる.ここに G はフィッシャー情報行列,G^{-1} はその逆行列である.すなわち,推定の誤差は $1/\sqrt{n}$ のオーダーで減少する.とくに,θ_0 を真の値として誤差 $\hat{\theta} - \theta_0$ の二乗をフィッシャー行列の逆行列で測ったリーマン的な大きさは,

$$E\left[\left(\hat{\theta} - \theta_0\right)^{\mathrm{T}} G^{-1} \left(\hat{\theta} - \theta_0\right)\right] = \frac{1}{n} \mathrm{tr}\left(G^{-1} G\right) = \frac{p_k}{n} \tag{1.70}$$

で,パラメータの次元 p_k に比例する.左辺は実は検定の尤度統計量になっている.

AICもMDLもこの事実を使って導入された.しかし,多くの階層モデル族で,正則性が成立せず,特異モデルが現れる.特異モデルは,G が特異になる場所があり,(1.70)式が成立しない.また最尤推定量 $\hat{\theta}$ が漸近的にガウス分布

に近づくこともない．

1.6 特異構造をもつ階層統計モデル族

1.6.1 特異分布族の例

まず，よく知られた例である．混合ガウス分布のモデルを考えよう．いま，x の分布が

$$M_2 : p(x,\theta) = (1-w)\exp\left\{-\frac{1}{2}(x-\mu_1)^2\right\} + w\exp\left\{-\frac{1}{2}(x-\mu_2)^2\right\} \tag{1.71}$$

のように二つのガウス分布の和で表される分布族 M_2 を考える．

このとき，分布を指定するパラメータ θ は 3 次元で

$$\theta = (w, \mu_1, \mu_2) \tag{1.72}$$

である．このパラメータを座標系とする 3 次元の空間を考えよう．

さらに，一つのガウス分布しか含まない，

$$M_1 : p(x,\theta) = \left\{\exp\left\{-\frac{1}{2}(x-\mu)^2\right\}\right\} \tag{1.73}$$

を考える．$\theta = \mu$ である．明らかに $M_1 \subset M_2$ である．M_1 は M_2 で特異になることを次に見よう．

ここで，勝手な定数 c に対して，$\mu_1 = \mu_2 = c$ を満たす線を M_2 のパラメータ空間の中で考えよう．この線上では，実際はガウス分布は一つしかなくて，w をどう変えても同じ分布が現れる．一方，w が 0 であれば，$\mu_1 = c$ ならば μ_2 が何であっても，これも同じ分布になる．w が 1 であれば，$\mu_2 = c$ なら μ_1 が何であってもやはり同じである．だから，これらを結んだ 3 本の線からなる図形上では，分布は全部同じになる．このことは，同じ分布（M_1 の分布）を表すパラメータが M_2 上に多数あり，分布からパラメータが一意に定まらないこと，つまり M_2 のパラメータの同定可能性がなくなっていることを意味する．

1.6.2 特異分布族の幾何構造

パラメータ空間はフィッシャー情報行列 G を計量とするリーマン空間であ

る．この空間では，パラメータの微小な変位 $d\theta$ の長さ ds の二乗は，二次形式

$$ds^2 = d\theta^{\mathrm{T}} G d\theta \tag{1.74}$$

で表される．ところが，同値な分布を表す線上では，計算すればすぐわかるが，フィッシャー情報行列 G が縮退して G^{-1} が存在しない．このとき，パラメータ θ を同値な線上で $d\theta$ だけ動かしても

$$ds^2 = 0 \tag{1.75}$$

となる．つまり，この線上では分布が皆同じであるから，距離は 0 である．

同じ分布をまとめて一つの点で表せば，同定不可能な線は一点に縮む．こうした同定不可能の点の集合は各 c ごとに無限にあり，空間の次元がここで小さくなる．これが無数につながっている．幾何学でいえば，分布の空間はユークリッド的ではなくて，特異点を含む．つまり，正則性が失われる．わかりやすくいうと，この空間では，接空間がユークリッド的でなくなる点が無数にある．

パラメータの空間でいうならば，同定不可能ということは，推定ができないこと，つまりフィッシャー情報行列が縮退し，正則でなくなることを意味する．だから，ここではフィッシャー情報行列の逆は存在せず，クラメル–ラオの定理は成立しない．真の分布が特異点にあるとき，最尤推定はもはやガウス分布には従わない．クラメル–ラオの枠組みが使えないのである（Amari, Park and Ozeki (2006)[4]）．

1.6.3 他の特異分布族

このような，特異点を含むモデル族は，階層的な場合に多く現れる．たとえば，多層パーセプトロンモデルを考えよう．これは回帰モデルで，入力信号 z に対して，出力信号 x が

$$M_k : x = \sum_{i=1}^{k} v_i \varphi(\boldsymbol{w}_i \cdot \boldsymbol{z}) + \varepsilon \tag{1.76}$$

で与えられる統計モデルである．パラメータは $\theta = (v_1, \cdots, v_k; \boldsymbol{w}_1, \cdots, \boldsymbol{w}_k)$ である．ε は誤差信号で平均 0 のガウス分布としよう．このモデルは，混合正

規分布の場合と類似の構造をもっている．$\boldsymbol{w}_i = \boldsymbol{w}_j$，または v_i か v_j が 0 のところで M_{k-1} が現れ，ここで M_k のパラメータの同定可能性が崩れ，フィッシャー情報行列が縮退する．同じ動作をするパーセプトロンを一点にまとめれば，その空間は特異点を含む空間になる．

時系列でいえば，ARMA (autoregressive moving average) モデル族が特異である．いま，簡単な次の時系列 $\{x_1, \cdots, x_t\}$ のモデル

$$x_t = -\sum_{i=1}^{p} a_i x_{t-i} + \sum_{j=0}^{q} b_j \varepsilon_{t-j} \tag{1.77}$$

を考えよう．ここに，ε_t は平均ゼロ分散 1 の独立なガウス分布に従うとする．また $b_0 = 1$ としよう．これは (p, q) 次 ARMA モデルである．話を簡単にするため，$p = q = 1$ とすると，

$$x_t = -a x_{t-1} + \varepsilon_t + b \varepsilon_{t-1} \tag{1.78}$$

となる．このとき，パラメータは (a, b) の二つであるから，これは 2 次元の空間をなす．時間シフト演算子

$$z^{-1} x_t = x_{t-1} \tag{1.79}$$

を用いれば，これは

$$(1 + a z^{-1}) x_t = \left(1 + z^{-1}\right) \varepsilon_t \tag{1.80}$$

または

$$x_t = \frac{1 + b z^{-1}}{1 + a z^{-1}} \varepsilon_t \tag{1.81}$$

と書ける．ところが，パラメータ空間で $a = b$ を満たす線上では，分母と分子が約分されて消えてしまい，$a = b$ を満たす限り a と b が何であってもモデルは同じ時系列（この場合は白色ガウス時系列）を表す．同じ時系列を表すパラメータをまとめれば，対角線上の点は一点に縮む．

もっと一般の ARMA モデルでも

$$x_t = \frac{\sum_j \left(1 + b_j z^{-j}\right)}{\sum_i \left(1 + a_i z^{-i}\right)} \varepsilon_t \tag{1.82}$$

のように書けば，分母と分子の z^{-1} の多項式が共通因子をもち約分できるところでは，パラメータの同定可能性が崩れ，特異点が現れる．システム理論でこうした構造に初めて気づいたのは，数理科学者の R.Brockett (1976)[6] であったが，それ以上の解析は進まなかった．

1.6.4 特異モデル族の AIC

特異構造は，パラメータ数が小さいモデルは大きいモデルの部分集合となる階層モデルによく現れる．こうしたモデル族が特異になることは，統計学では古くから知られていたが，その解析は進まず，手がつけられていなかった．ここに注目が集まったのは最近の話である（福水・栗木 (2004)[7] を見よ）．モデル選択も，実はこうした構図を考慮に入れることが必要であった．

混合ガウス分布の族で，いくつのガウス分布を混合すれば良いかは，モデル選択の問題である．しかし，成分の数の小さいモデルは，大きいモデルにその特異な部分集合として含まれる．だから，ここでの解析にはクラメル–ラオの枠組みは使えない．しかし，赤池の考えた構想，すなわち推定した分布の距離が小さいものが良い（汎化誤差を小さくする）という思想そのものは，そのまま使える．ただ，これを実行すれば罰金項の $2p_k$ が違ってくる．

統計モデルの中に，特異点を含むもの，すなわちクラメル–ラオの枠組みには収まらないものがあることは，古くから知られていた．しかし，こうしたモデルでの推定や検定の漸近論は，あまり発展しなかった．接空間が使えない，中心極限定理が成立しないなど，通常の手法が使えないからである．

最近，特異モデルにおける議論が盛んになり，特異統計モデルの理論が開発されている．たとえば，福水・栗木 (2004)[7] を参照されたい．AIC と MDL をめぐる不毛な議論は，多くのモデル選択問題で特異階層モデルが使われてきたにもかかわらずクラメル–ラオの枠組みを用いた手法をそのまま適用したことによるものと思われる．多層パーセプトロンや混合ガウス分布，また時系列の ARMA モデルなどで，特異モデルに従った正しい罰金項を計算する必要がある．ただ，その計算はそう容易ではない．

時系列モデルでも，AR モデルや MA モデルは階層モデルであるが，それぞれ正則なモデル族であって，罰金項の補正は必要ない．AIC と MDL でのシ

ミュレーションでは正則も非正則もまぜた議論が行われたため,どちらが良いか結論が出なかった.

特異モデルに対応する罰金項は,モデルの性質に応じて異なってくる.混合ガウス分布の場合には,$2p$ が $p \log \log n$ に変わる.多層パーセプトロンの場合には,たまたまこれが $p \log n$ になる.つまり MDL と同じになる.しかし,MDL を素直に計算すれば,これはもはや $p \log n$ ではなくなって,別のものになるから,MDL が良いというわけではない.

永年,コンピュータシミュレーションで,研究者を悩ませた疑問はこうして氷解した.これが何年もかかったのはこの分野の研究者の力不足といわれても仕方がないであろう.

1.6.5 ベイズ推論と特異構造

ベイズ推論に特異構造はどう関係するだろうか.たとえば,特異構造をもつモデルで,パラメータの値の事前分布として,滑らかなものを想定しよう.話を具体的にするために,$(1,1)$ 次の ARMA モデルを考える(ガウス混合分布やパーセプトロンでもよい).いま,事前分布を $\lambda(a,b) > 0$ とする.

データの数 n が多い漸近的な挙動では,事前分布の影響はどんどん小さくなる.したがって,正規モデルであれば $\lambda(a,b)$ として一様分布を仮定したのと同じになっていく.しかし,ARMA モデルは特異モデルである.このとき,$a = b$ の線上にある無限個の分布はすべて同じ分布を表す.しかしこの一つのモデルの事前分布は,事前分布 $\lambda(a,a)$ をすべての a について積分した無限個の事前分布の和になる.つまり,同じ動作のモデルを一点にまとめた空間で考えれば,次元の低い特異な分布のところで事前分布の重みが無限個になる.すなわち,この空間の上で,特異な事前分布を仮定したことになる.このため,パラメータの数の多いモデルには,事前分布の意味で大きな罰金がかかり,小さなモデルが選ばれやすい.特異階層モデルの事前分布はこれはこうした事情を反映する.

渡辺とその共同研究者は,特異統計モデルにおけるベイズ推論を,代数幾何学を用いて解析している (渡辺 (2006)[17]).

1.6.6　特異モデル上での学習（逐次推定）

特異階層モデルでは，これまでに知られていなかったいろいろな性質が明らかになってきた．そのなかで，多層パーセプトロンの学習について少し触れておこう．

多層パーセプトロンは特異点を含むモデルである．例題とその解答 (z_t, x_t) が観測されると，これをもとに $\hat{\theta}_t$ を変更していく逐次推定を学習と呼ぶ．学習によってパラメータ $\hat{\theta}_t$ は移動していくが，このとき特異点に引き寄せられ，異常現象を起こす．特異点の近くでは，特異点に引き寄せられて，ここで学習が遅滞する．このような現象は，パラメータのなすリーマン空間の幾何学的な構造によるものであることが明らかにされている．甘利らは (Amari, Park and Ozeki (2006)[4])，特異点を含むこうした統計モデルにおける学習の振る舞いを明らかにしている．また，特異点ではフィッシャー情報行列が縮退するが，そのことを考慮に入れて，単なる勾配ではなくてリーマン的な勾配である自然勾配を用いることで，こうした不都合が解消できることを示した (Amari (1998)[2])．

参考文献

[1] H. Akaike, A new look at the statistical model identification, *IEEE Trans. Automat. Contr.*, Vol.19, pp.716–723, 1974.

[2] S. Amari, Natural gradient works efficiently in learning, *Neural Computation*, Vol.10, pp.251–276, 1998.

[3] S. Amari and H. Nagaoka, *Methods of Information Geometry*, AMS & Oxford University Press, 2000.

[4] S. Amari, H. Park and T. Ozeki, Singularities affect dynamics of learning in neuromanifolds, *Neural Computation*, Vol.18, pp.1007–1065, 2006.

[5] 麻生英樹，津田浩治，村田昇，パターン認識と学習の統計学，岩波書店，2003.

[6] R. W. Brockett, Some dynamical questions in the theory of linear systems, *IEEE Trans. Automat. Contr.*, Vol.21, pp.449–455, 1976.

[7] 福水健次，栗木哲，特異モデルの統計学，岩波書店，2004.

[8] K. Hagiwara, On the problem in model selection of neural network regression in overrealizable scenario, *Neural Computation*, Vol.14, pp.1979–2002, 2002.

[9] S. Konishi and G. Kitagawa, Generalized information criteria in model selection, *Biometrika*, Vol.83, pp.875–890, 1996.

[10] 小西貞則，北川源四郎，情報量規準，朝倉書店，2004．

[11] 村田昇，情報理論の基礎，サイエンス社，2006．

[12] N. Murata, S. Yoshizawa and S. Amari, Network information criterion determining the number of hidden units for an artificial neural network model, *IEEE Trans. on Neural Networks*, Vol.5, pp.865–872, 1994.

[13] J. Rissanen, *Stochastic Complexity in Statistical Inquiry*, World Scientific, 1989.

[14] G. Schwarz, Estimating the dimension of a model, *Annals of Statistics*, Vol.6, pp.461–464, 1978.

[15] R. Shibata, Selection of the order of an autoregressive model by Akaike's information criterion, *Biometrika*, Vol.63, pp.117–126, 1976.

[16] 竹内啓, 情報統計量の分布とモデルの適切さの規準, 数理科学, No.153, pp.12–18, 1976.

[17] 渡辺澄夫，代数幾何と学習理論，森北出版，2006．

2. 情報量規準と統計的モデリング

▶北川源四郎

はじめに

　情報量規準 AIC は，統計的モデリングにおいてはバイアスを少なくするだけではなく，バイアスとばらつきのバランスをとるべきであることを示している．これが意味することは AIC が次数選択やモデル選択を客観化しほぼ自動化した以上に大きい．いったん不偏性の呪縛から解き放たれれば，あらゆる情報を用いて大規模なモデルを構築するという道が拓ける．当初は，良いモデルを得るためにはモデルのパラメータ数を制限しなければならないということを明確に示した情報量規準が，やがては大規模パラメトリックモデリングの契機となったことは極めて興味が深い．

　本章では，まず情報量規準 AIC の考え方と導出を簡単に紹介し，AIC に関連するいくつかの話題と，AIC の考え方に基づいて得られる様々な情報量規準とを紹介する．次に，AIC がきっかけとなって発展した実用的なベイズモデリングの方法に触れる．3 節では，地下水位データ解析の例を用いながら，時間的な構造を表現する局所的なモデルを利用して，情報抽出を行う方法を紹介する．4 節ではさらに空間的な局所構造に関するモデルを導入する例を紹介するが，時空間フィルタリングに関して現時点では近似計算を行っていることは予めお断りしておく．

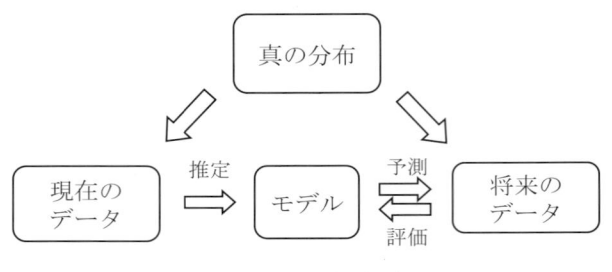

図 2.1 予測の視点

2.1 情報量規準 AIC

2.1.1 統計的モデルの評価

　従来のモデル推定においては，真のモデルをなるべく良く近似することが目標とされてきた．しかし，赤池は統計的推論の本質は予測にあると看破し，データを生成した真のモデルから将来生成されるであろうデータをなるべく良く予測するためのモデリングの問題を考えた．AIC の前身である FPE（最終予測誤差）はこの予測の視点に基づき，予測誤差分散の期待値として導出された（Akaike (1969)[1]，赤池・中川 (2000)[7]）．AIC の導出においては，これをさらに一歩進め，単に予測値と実際の観測値との二乗予測誤差の期待値を最小にするのではなく，予測分布の近さを考え，その尺度としてカルバック–ライブラー情報量（KL 情報量）を用いることにした．すなわち (1) 予測の視点，(2) 分布による予測，(3) KL 情報量による予測分布の評価の三つの前提から赤池情報量規準 AIC が導かれた (Akaike (1973,1974)[2,3]，坂元ほか (1983)[25]，小西・北川 (2004)[24])．以下では簡単に AIC の導出過程を紹介する．

　真の分布を $g(x)$，モデルの分布 $f(x)$ とするとき，これらの二つの分布の近さを KL 情報量

$$I(f;g) = E_X \log\left\{\frac{g(X)}{f(X)}\right\} = E_X \log g(X) - E_X \log f(X) \tag{2.1}$$

で評価することにする (Akaike (1973)[2])．ここで，E_X は真の分布 $g(x)$ に関する期待値を表す．$I(f;g)$ は非負であり，この値が 0 に近いほどモデルは真の

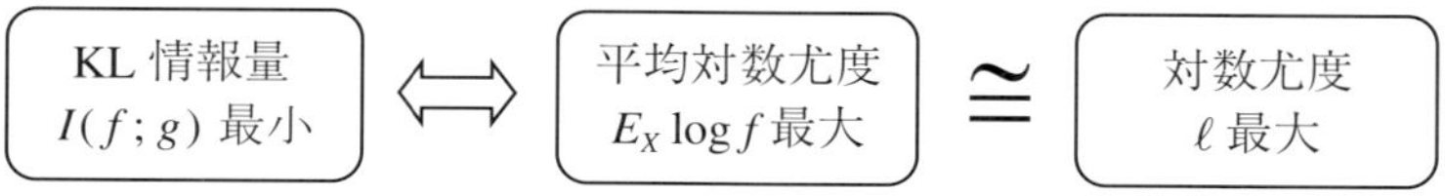

```
┌─────────────┐      ┌─────────────┐      ┌─────────────┐
│  KL 情報量   │ ⟺    │  平均対数尤度 │ ≃    │   対数尤度   │
│ I(f;g) 最小 │      │ E_X log f 最大│      │   ℓ 最大    │
└─────────────┘      └─────────────┘      └─────────────┘
```

図 2.2 KL 情報量，平均対数尤度，対数尤度の関係

モデル $g(x)$ に近いとみなされる．

残念ながら，KL 情報量はそのままの形では実際のモデリングの役に立たない．真の分布 $g(x)$ は未知なので KL 情報量を直接計算することはできないからである．しかし，(2.1) の最右辺第一項はモデル $f(x)$ とは無関係の定数である．したがって，モデルの良さを比較するためには，第二項 $E_X \log f(X)$（平均対数尤度）の大小を比較すればよい．ただし，$I(f;g) = 0$ となれば $f(x) = g(x)$ といえるのに対して，$E_X \log f(X)$ が最大のモデルを探してもそれで十分ということはいえない．比較したモデル以外にもっと良いモデルが存在する可能性があるからである．モデリングにおいて，この違いは重要である．さらに，$E_X \log f(X)$ の利用でモデル評価規準の計算の問題が解決されたわけではない．実際，$g(x)$ と $f(x)$ が密度関数の場合

$$E_X \log f(X) = \int g(x) \log f(x) dx \tag{2.2}$$

と表されることからわかるように，$E_X \log f(X)$ にも真の分布 $g(x)$ が必要で，これが未知の場合には平均対数尤度も計算できないからである．

しかし，$g(x)$ から生成された観測値 $x_1, \cdots, x_n$ が与えられると，対数尤度

$$\ell = \frac{1}{n} \sum_{i=1}^{n} \log f(x_i) \tag{2.3}$$

によって平均対数尤度を推定することができる．データ数 n が大となるとき，大数の法則によって ℓ は $E_X \log f(X)$ に収束することから，対数尤度は平均対数尤度の自然な推定量であり，ℓ が大きいほど良いモデルであると判断できる．データが得られれば対数尤度は計算可能であり，それは平均対数尤度の不偏推定値となることから自然なモデル評価規準となる．

実際のモデルは通常，未知のパラメータ θ を含む．この場合，対数尤度は θ の値によって変化するので ℓ を θ の関数とみなすことにする．このとき，対数

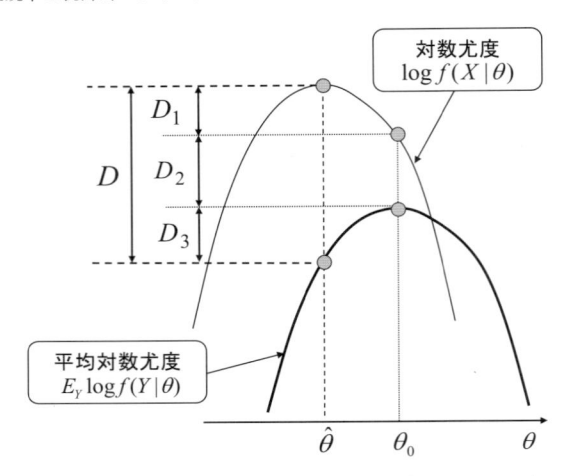

図 2.3 平均対数尤度と対数尤度の関係と偏差の分解（小西・北川 (2004)[24] を改変）

尤度関数 $\ell(\theta)$ を最大とする θ を求めることによって，（近似的には）最も良いモデルを与えるパラメータを求めることができる．KL 情報量の立場からは，最尤推定量 $\hat{\theta} = \hat{\theta}(X)$ が自然な推定量であることがわかる．

2.1.2 情報量規準 AIC の誕生

問題は，このような統計的モデルが複数存在する場合である．これまでの議論から，最尤推定量 $\hat{\theta}$ で定まるモデル $f(x|\hat{\theta}(X))$ の良さは対数尤度 $\ell(\hat{\theta}(X))$ の値で評価するのが自然である．しかし，実際には，最尤推定量 $\hat{\theta}$ を代入したモデルの良さを対数尤度 $\ell(\hat{\theta}) = \log f(X|\hat{\theta})$ で比較することは適当でない．固定したパラメータ θ に対しては，対数尤度は平均対数尤度 $E_X \log f(X|\hat{\theta})$ の不偏推定量となるが，パラメータに最尤推定量を代入した場合には，対数尤度は平均対数尤度の推定量としてバイアスをもつからである．このバイアスは，同じデータをパラメータ θ の推定と，その推定されたモデルの平均対数尤度 $E_X \log f(X|\hat{\theta})$ の推定に二度用いたことによって生じたものである．

対数尤度と平均対数尤度の差を

$$D = \log f(X|\hat{\theta}(X)) - E_Y \log f(Y|\hat{\theta}(X))$$

$$\begin{aligned}
&= \log f(X|\hat{\theta}(X)) - \log f(X|\theta_0) \\
&\quad + \log f(X|\theta_0) - E_Y \log f(Y|\theta_0) \\
&\quad + E_Y \log f(Y|\theta_0) - E_Y \log f(Y|\hat{\theta}(X)) \\
&= D_1 + D_2 + D_3
\end{aligned} \tag{2.4}$$

と分解すると（図 2.5），漸近的には

$$E_X[D_2] = 0, \quad E_X[D_1] = E_X[D_3] = \frac{1}{2}\mathrm{tr}(IJ^{-1}) \tag{2.5}$$

と近似できることから，この漸近バイアスは $\mathrm{tr}(IJ^{-1})$ となることがわかる．ただし，tr は行列のトレース，I と J はそれぞれフィッシャー情報量とヘッセ行列の期待値の符号を変えたもので，以下のように定義される．

$$I = E_X\left[\frac{\partial \log f(X|\theta_0)}{\partial \theta}\frac{\partial \log f(X|\theta_0)}{\partial \theta^T}\right], \quad J = -E_X\left[\frac{\partial^2 \log f(X|\theta_0)}{\partial \theta \partial \theta^T}\right] \tag{2.6}$$

赤池は D の期待値（漸近バイアス）がパラメータの次元 k で近似できることを示し，その補正を行うことによって赤池情報量規準

$$\mathrm{AIC} = -2\ell(\hat{\theta}) + 2k \tag{2.7}$$

を提案した (Akaike (1973)[2]，坂元ほか (1983)[25]，小西・北川 (2004)[24])．AIC は平均対数尤度の近似的な不偏推定量となり，モデルの公平な評価規準といえる．

2.1.3　情報量規準をめぐる議論

これまでの説明では，真の分布 $G(x)$ あるいは真の密度関数 $g(x)$ が用いられてきた．しかし，実際に用いられる対数尤度はモデル $f(x|\theta)$ とデータ $x_1,\cdots,x_N$ だけを用いて定義され，情報量規準の定義においては真のモデルが直接利用されることはない．したがって，当初の問題設定はともかく，実際には，真のモデルの存在を仮定する必要はなく，データだけが利用されていることは注目すべきことである．

AIC の提案後，様々な批判が行われた．最も典型的なものが次数の一致性に関するものである．データを生成する真のモデルを有限次元の回帰モデ

や自己回帰モデルなどとし，AIC 最小化法すなわち，ある範囲までの次数 $k = 0, 1, \cdots, k_{\max}$ のモデルのうち，AIC を最小とする次数を選択する方法を考える．このとき，AIC 最小化法によって選択される次数は一致性をもたず，標本数 n を増やしても真の次数に収束しないという指摘である．

この批判に対しては，いろいろな観点から答えることができる．まず，たとえ次数に関しては一致性は成り立たなくても，真の次数より高い次数の係数が 0 に収束すれば，モデルとしては一致性が成り立つ．そもそも，情報量規準の問題設定は，予測のために「良い」モデルを求めることであって，「真の」モデルかどうかは問題ではないのである．有限個のデータからパラメータを推定する場合には，推定された「真の次数の」モデルが最も高い予測能力をもつとは限らない．予測を目的としたモデリングでは次数の一致性は必要でも十分でもないのである．

また，知的情報処理においては統計モデルは真のモデルの精密な複製品というよりは，情報抽出のための道具と考えたほうがよい．その場合，少数のデータからは簡単な情報しか抽出できなくても，データが増大するに従って，より詳細な情報が抽出できるようになる．最適なモデルも当然，データの増加とともに複雑なモデルが利用できるようになり，データ数に関係なく特定の次数のモデルが「真の」モデルと考えうることは少ない．したがって，シミュレーション実験を行うような人工的な状況以外では，真の次数という設定自体が不適切ともいえる．

2.1.4 いろいろな情報量規準

赤池は AIC の提案後，同様の考えから様々な情報量規準が続々と提案されることを予言し，AIC の A はその最初を意味するものであると述べていた．AIC は特定の補正項をもった情報量規準として考えるのではなく，予測の視点に基づき，予測分布を KL 情報量で評価するという立場から導かれた一連の情報量規準の代名詞と考えるほうがよい．逆にいえば，AIC のペナルティ項である $2k$ に必ずしもこだわることはないのである．実際，AIC の後，様々な情報量規準が提案されている．本節では，これらのうちのいくつかについて紹介しておく．

AIC は広範なモデルに適用可能な汎用的な評価規準であることが特長である

が，特殊なモデルを仮定すれば，バイアス項を厳密にあるいはより精密に評価することができる．Sugiura (1978)[29] は簡単なモデルに対してバイアスを直接評価することによって，バイアス項の有限補正を行った修正 AIC

$$\text{c--AIC} = -2\ell(\hat{\theta}) + \frac{2n(k+1)}{n-k-2} \tag{2.8}$$

を提案している．AIC の前身である FPE も，対数をとって n を掛けると近似的には

$$\log \text{FPE} \approx n \log \hat{\sigma}^2 + \frac{2nk}{n-k} \tag{2.9}$$

という形をしている．

竹内 (1976)[30] および Stone (1977)[28] は，AIC のバイアス修正項をより精密に評価して

$$\text{TIC} = -2\ell(\hat{\theta}) + 2\text{tr}(IJ^{-1}) \tag{2.10}$$

を提案している．TIC の補正項は，モデルが真の分布を含まない場合の中心極限定理を利用して導出されており，より一般の場合にも適用できる．とくに $g(x) = f(x|\theta_0)$ となる θ_0 が存在する場合には，$I(\theta_0) = J(\theta_0)$ となって，TIC と AIC は一致する．ただし，これは実用上 TIC のほうが AIC より優れているということは意味しない．AIC の補正項の最大の利点はそれが分布に依存しないことである．一方，TIC の補正項は真の分布が与えられている場合にはより正確な近似値を与えるが，その値はモデルごとに個別に計算する必要がある．さらに，本質的な問題は，その値が未知の分布に依存していることであり，実際の適用に当たっては補正項自体をデータから推定して，$I(\hat{G})$ と $J(\hat{G})$ で代用する必要があることである．この推定分散はかなり大きなことがあり，必ずしも AIC よりも正確なバイアスの推定値を与える保証はない．

本節の意味の情報量規準の系列とは異なるが，Akaike (1977)[4] および Schwarz (1978)[26] はベイズ事後確率の立場から

$$\text{BIC} = -2\ell(\hat{\theta}) + k \log n \tag{2.11}$$

を提案した．この評価規準は次数の一致性をもつことから，シミュレーション実験等では良い成績を収めることが多く，一般に評判が良いが，前項の理由か

ら本当のモデリングにおいても BIC が AIC よりも良いモデルを選択するとはいえないことに注意すべきである．AIC が統計的観点から利用できる最大次数を示すとすれば，AIC と BIC の間に最適な次数があると考えることもできる．ちなみに，赤池自身はその後，実際のモデリングに BIC を利用することはほとんどなかった．

このほか，ABIC, HIC, RIC, NIC, GIC, EIC など様々な観点から情報量規準が提案されているが，以下では，筆者が関連した GIC および EIC について紹介する．

2.1.5 一般化情報量規準 GIC

AIC や一般の情報量規準はパラメータ推定に最尤法の利用を前提としてるが，実はこれは本質的な仮定ではない．実際，パラメータの推定法として最尤法以外の方法にも適用可能な情報量規準も提案されている．モデルのパラメータが統計的汎関数を用いて $\theta = T(G)$ の形で書ける場合には，θ の推定量は経験分布関数 $\hat{G}$ を用いて $\hat{\theta} = T(\hat{G})$ と定義できる．ただし，データ $x_1, \cdots, x_n$ が与えられるとき，経験分布関数は

$$\hat{G}(x) = \frac{1}{n} \sum_{j=1}^{n} I(x; x_j) \qquad (2.12)$$

によって定義される．ここで，$I(x; a)$ は $x \geq a$ のとき 1，$x < a$ のとき 0 となる定義関数とする．このような一般的に定義された推定量に対して適用可能な一般化情報量規準 GIC が提案されている (Konishi and Kitagawa (1996)[23])．GIC のバイアス補正量は

$$b(G) = \frac{1}{n} \sum_{i=1}^{n} \mathrm{tr} \left\{ T^{(1)}(x_i; G) \frac{\partial \log f(x_i|\hat{\theta})}{\partial \theta^T} \right\} \qquad (2.13)$$

で定義される．ただし，$T^{(1)}(x; G)$ は統計的汎関数 $T(G)$ の汎関数微分（影響関数）である．当然，実際の利用においては $G(x)$ に経験分布関数 $\hat{G}(x)$ を代入する必要がある．この一般化された問題設定でのバイアス評価も，AIC と同様に三項に分解して，それぞれの項の期待値を計算することによって得られる．ただし，AIC の場合には D_1 と D_3 の期待値は漸近的に等しいが，GIC の場合

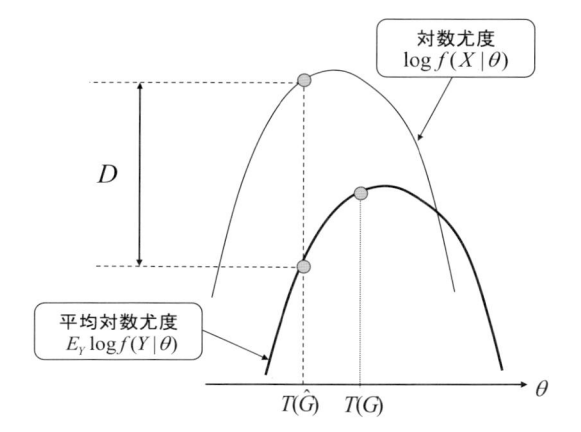

図 2.4 平均対数尤度，対数尤度：GIC の場合（小西・北川 (2004)[24] を改変）

には，一般にはまったく異なった項となる．しかし，おもしろいことにこれら二項の期待値の和は，(2.13) のように一つの項で簡単に表すことができる．

　一般化情報量規準 GIC は最尤推定量で定まるモデルの利用を前提としていない．したがって，M 推定量，ペナルティ付き最尤法（正則化法），ある種のベイズ法など，統計的汎関数の形で定義できる任意の推定量によって規定されるモデルに対して適用可能である．GIC を計算してみると，M 推定量など通常の AIC 導出の枠外の推定量に対しても，AIC と同じ漸近バイアスになることがあるという興味ある結果も得られる（小西・北川 (2004)[24]）．

2.1.6　ブートストラップ情報量規準 EIC

　ここまで紹介した情報量規準ではバイアスを解析的に導出したが，これを数値的に求めることも可能である．ブートストラップ法によってバイアスの推定値 $b^*(\hat{G})$ を求めるブートストラップ情報量規準

$$\mathrm{EIC} = -2\log f(X|\hat{\theta}) + 2b^*(\hat{G}) \tag{2.14}$$

も提案されている (Konishi and Kitagawa (1996)[23], Ishiguro *et al.* (1997) [12], Cavanaugh and Shumway (1997)[8], Shibata (1997)[27])．AIC, TIC, GIC などが，平均対数尤度と対数尤度の平均的な違いをテイラー展開や中心極

限定理を利用して解析的に求めているのに対して，EIC ではブートストラップ法を利用してバイアスを

$$b^*(G) = E_{X^*}\left\{\log f(X^*|\hat{\theta}(X^*)) - \log f(X|\hat{\theta}(X^*))\right\} \quad (2.15)$$

によって求める（図 2.4）．ここで，$X^* = (x_1^*, \cdots, x_n^*)$ は経験分布関数 $\hat{G}(X)$ からのブートストラップサンプル，E_{X^*} は経験分布関数に関する期待値，$\hat{\theta}(X^*)$ はブートストラップサンプルに基づく θ の推定値である．

　ブートストラップバイアス推定においては，平均対数尤度と対数尤度の関係が対数尤度とブートストラップ対数尤度の関係に反映されることを利用する．しかも，平均対数尤度が未知であるのに対して，対数尤度とブートストラップ対数尤度は既知なので，その差 D^* を直接計算することができる．このようなブートストラップサンプルを繰り返し多数回発生させ，そのときの D^* の値の標本平均を計算することによって $b^*(G)$ の近似値を計算することができる．

　ただし，実際のバイアス推定においては図 2.5 と同様の分解を行い，D_1 と D_3 に相当する部分のブートストラップ推定値の和を求めることによって，ブートストラップ推定誤差を著しく減少させる分散減少法が利用できる．実際，$b^*(G)$ の単純なブートストラップ推定誤差が $O(n)$ であるのに対して，この分解を利用すると誤差は $O(1)$ となることが知られている（小西・北川（2004）[24]）．

　EIC はブートストラップ法によるバイアス推定が有効であれば適用できるので，他の情報量規準の適用が困難な推定法，あるいは長期予測誤差などのように複雑な問題設定でも適用できるという特長をもつ（小西・北川（2004）[24]）．GIC などの解析的方法を精密化してバイアスの高次補正を行おうとすると，非常に複雑な式となる．これに対して，ブートストラップ法によるバイアス補正は自動的に 2 次の補正項までを含む．ただし，実際の利用においては漸近バイアスの推定量のバイアス補正も行わなければ正確な 2 次補正は実現できない．高次補正が自動的に実現できるのは $b(G)$ が定数となる場合に限られる．しかし，一般の場合でもダブルブートストラップの方法によって，バイアスの高次補正を比較的簡単に行うことができる．

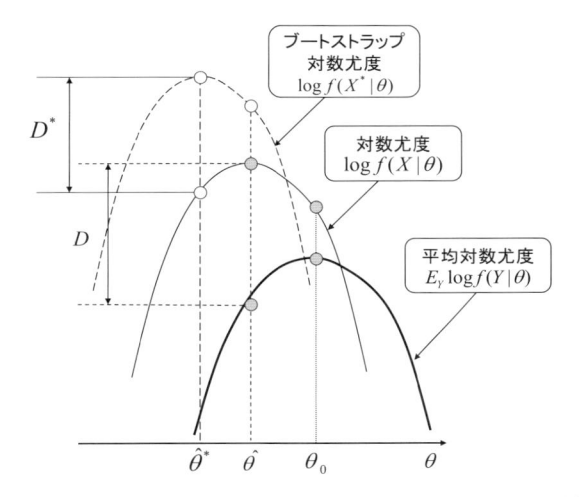

図 2.5 平均対数尤度，対数尤度とブートストラップ対数尤度の関係（小西・北川 (2004)[24] を改変）

2.2 ベイズモデリング

2.2.1 情報量規準が先導したモデリングの世界

　AIC の導出過程では真のモデルの平均対数尤度 $E_X \log g$ を無視できたことによって実用的なモデル評価規準を導出できたが，同時にこれはモデリングの本質を示唆している．平均対数尤度 $E_X \log f$ は相対的な評価規準なので，考えるモデルの中で最良のものを求めたとしても，それで十分という保証は得られないのである．実際のモデリングにおいては，この事実を積極的に解釈して，現状のモデルに満足することなく，常により良いモデルを追求する姿勢が重要である．このモデリングのあり方は，評価規準の問題というよりは，統計的モデルの本質の問題と考えるべきである．

　赤池は，「極めて基礎的な科学的知識で，しばしば究極の真理と捉えられたものでも，人類の持つ経験の累積にともないその内容が常に深化してきたことを考えれば，…，我々が追求する真理は，現在の知識に依存するという意味で相対的な，対象のひとつの近似を与えるモデルによって表現されるようなものに過ぎない」と述べている（赤池・北川 (1995)[6] II 巻，第 12 章）．統計的モ

デルをこのようなものと考えると，統計的モデルは対象に対して唯一に決まるものではなく，モデリングを行う人のものの見方，目的，これまでの知識や利用できる情報に依存したものとなる．いうまでもなくこれは，想定するモデルによって一般に推論や判断の結果が異なることを意味する．情報量規準は統計的モデリングの重要性を明らかにしたばかりでなく，このような主観性を伴うモデルの良さを客観的に評価し，指針を与えることができることから，統計的モデリングの実用性を飛躍的に発展させたのである．

2.2.2 ベイズモデリングの世界へ

従来の統計学においては，少数パラメータのいわゆる硬いモデルを用いることによって，少ないデータから重要な情報を取り出すということに主眼がおかれていた．しかし，情報社会の急激な進展によって，一般社会においても，また学術研究分野においても大量のデータが蓄積しつつある．

このような大量データのモデリングにおいては，少数パラメータモデルの限界は明らかであり，より柔軟なモデルの開発が必要であった．1970年代の終盤に，赤池は季節調整法の問題を考える過程で，画期的なアイデアによってベイズモデルの実用化に成功した．説明を簡単にするために，以下では最も簡単なトレンド推定の場合を考えることにする．

n 個の非定常時系列データ $y = (y_1, \cdots, y_n)^\mathrm{T}$ が与えられているものとし，そのトレンド $T = (T_1, \cdots, T_n)^\mathrm{T}$ を推定する問題を考えてみよう．従来の標準的な方法では，トレンドに多項式や三角関数などのパラメトリックな関数 $T_n = f(n)$ を想定し，

$$y_n = f(n) + \varepsilon_n, \quad \varepsilon_n \sim N(0, \sigma^2) \tag{2.16}$$

を当てはめる．しかし，直線や2次関数などの低い次数のモデルでは，データ数が増大するときに増加する情報を活かすことができない．一方，多項式の次数をむやみに増大させると，データの両端で不安定さが著しく増大する．

1979年，赤池は以下のような大規模パラメトリックモデルを提案した．

$$y_n = T_n + v_n, \quad v_n \sim N(0, \sigma^2) \tag{2.17}$$

ここで，T_n は時刻 n のトレンドで未知のパラメータと考えることにする．このモデルは n 個のデータに対して，n 個のトレンドパラメータをもつので，通常の最小二乗法や最尤法では意味のある解は得られない．赤池はペナルティ付きの二乗誤差規準

$$\sum_{i=1}^{n}(y_i - T_i)^2 + \lambda^2 \sum_{i=1}^{n}(T_i - T_{i-1})^2 \tag{2.18}$$

の最小化によって T_n の推定値を求めることを考えた．この方法自体は古くから知られている (Whittaker (1923)[32], Good and Gaskins (1971)[10])．しかし，問題はトレードオフ・パラメータ λ^2 の選定である．極端な話として，$\lambda = \infty$ とすると T_n は一定値となり，また $\lambda = 0$ とすると，T_n はデータ y_n と一致する．適当な λ の値は $0 < \lambda < \infty$ の範囲にあるが，λ の設定は解析者の選択に委ねられていた．

赤池は，上式に $-1/2\sigma^2$ を掛けて指数をとると

$$\exp\left\{-\frac{1}{2\sigma^2}\sum_{i=1}^{n}(y_i - T_i)^2\right\} \exp\left\{-\frac{\lambda^2}{2\sigma^2}\sum_{i=1}^{n}(T_i - T_{i-1})^2\right\} \tag{2.19}$$

となり，それぞれ正規分布の主要項とみなせることから，$\theta = (\lambda^2, \sigma^2)$ とすると

$$\pi(T|y,\theta) \propto p(y|T,\theta)\pi(T|\theta) \tag{2.20}$$

と表現でき，右辺第一項はデータ分布，第二項は T の事前分布と解釈できることを示した．この解釈に基づき，θ を決定するための規準としてベイズ型情報量規準 ABIC

$$\text{ABIC} = -2\max_{\theta}\log\pi(T|y,\theta) + 2k \tag{2.21}$$

を提案した．ただし，k は事前分布などに含まれる構造パラメータの次元である．

これによって，トレンドモデル推定におけるトレードオフ・パラメータ，より一般にはベイズモデルの事前分布を規定する超パラメータを決定する方法が確立し，ベイズ型季節調整法が提案された (Akaike (1980)[5])．この方法は，

その後，歪み計の解析法（BAYTAP-G，石黒ほか (1984)[11]）など様々な応用に発展した．

2.2.3 状態空間モデルの利用

時系列データの場合には，前節のペナルティ付きの最小二乗誤差規準は下記の簡単な時系列モデルを仮定することと同等であることがわかる．

$$T_n = T_{n-1} + v_n, \quad v_n \sim N(0, \tau^2)$$
$$y_n = T_n + w_n, \quad w_n \sim N(0, \sigma^2) \tag{2.22}$$

ここで，T_n をトレンド成分と呼ぶことにすると，このモデルの第二式は，観測値がトレンド成分 T_n と観測ノイズ w_n の和となり，w_n は平均 0，分散 σ^2 の正規分布に従うという仮定に対応する．一方，第一式によれば，トレンド成分はランダムウォークモデルと呼ばれる 1 階の階差モデルに従うと仮定している．これは，局所的には $\Delta T_n \approx 0$ が成り立つものと仮定していることに相当する．ここで，興味深いことは，(2.18) 式のトレードオフ・パラメータとは $\lambda^2 = \sigma^2/\tau^2$ という関係が成り立つ．二つのノイズの分散比がわかれば，トレードオフ・パラメータが自動的に決定されることになる．

いったんこの関係に気がつくと，時系列に関しては自由なモデリングの可能性が拓ける．たとえば，トレンドに期待する性質として，局所的には $\Delta^2 T_n \approx 0$ を満たすものと考えると 2 次のトレンドモデルが得られる．実際，(2.22) のモデルは，下記の状態空間モデルにおいて $x_n = T_n$, $F_n = G_n = H_n = 1$, $Q_n = \tau^2$, $R_n = \sigma^2$ とおいた最も簡単な場合に対応する．

$$x_n = F_n x_{n-1} + G_n v_n, \quad v_n \sim N(0, Q_n)$$
$$y_n = H_n x_n + w_n, \quad w_n \sim N(0, R_n) \tag{2.23}$$

$\Delta T_n = 0$ と仮定すると T_n は時刻 n に関係なく一定の定数となるが，$\Delta T_n = v_n$ とすると局所的には変動を抑えながら，大局的にはどのよう形でも表現できる柔軟な関数となる．さらに，$\Delta^2 T_n \approx 0$ とすると，局所的にはほぼ直線に従いながら，大局的には極めて柔軟な関数を表現できる．このように，局所的な関

係を表現する時系列モデルの導入によって，自由なモデリングが可能となるが，いうまでもなく，その適用範囲はトレンドモデルに限定されるものではない．状態空間モデルを積極的に利用することによって，時系列データに関しては，より自由なモデリングを行うことができることになる．

また，この状態空間モデルに対しては，カルマンフィルタが利用できるので，x_n の状態推定や係数行列あるいは分散共分散行列に含まれる構造パラメータの推定などを効率良く実行することができる．この方法によって，トレンド推定，季節調整法，時変係数 AR モデル，微小信号の検出などの方法が開発されている（赤池・北川 (1994,1995)[6]，北川 (2005)[16]）．

さらに，この状態空間モデルを一般化したものとして非線形・非ガウス型状態空間モデルがある．

$$x_n = f(x_{n-1}, v_n), \quad y_n = h(x_n, w_n) \qquad (2.24)$$

ここで，f および h は非線形関数，v_n および w_n は密度関数をもつ白色雑音で正規分布に従うとは限らないものとする．このような，非線形・非ガウス型状態空間モデルに対してもカルマンフィルタと同様に逐次フィルタリングのアルゴリズムが存在する (Kitagawa (1987)[13])．また，近年，任意の非ガウス型分布を多数の粒子で近似する逐次モンテカルロ法が開発されている．この方法によって，非常に複雑かつ高次元の状態空間モデルの利用が実用的になっており，非ガウス型平滑化，非線形フィルタリング，異常値処理，確率的ボラティリティの推定，トラッキング，自己組織型平滑化など様々な応用が報告されている (Kitagawa (1996,1998)[14,15]，Doucet et al. (2001)[9]，北川 (2005)[16]）．

2.3 　地下水位データと地震の関係の解析

本節および次節では，局所的な構造を仮定したモデルを利用して情報抽出を行う例を紹介する．本節では時系列構造に関するモデリング，次節では時系列構造と空間構造の両方を利用する．

図 2.6 は静岡県榛原において 1980 年代以来 25 年以上にわたって継続的に観測された地下水位の記録の一部である（産業技術総合研究所地球科学情報部門

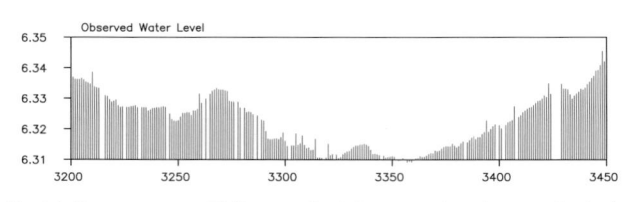

図 2.6 地下水位のデータ．単位 m，表示間隔 10 分．（北川・松本 (2000)[20]）

の高橋誠氏・松本則夫氏提供）．オリジナルのデータは 2 分間隔で観測され精度は $\pm 1\,\mathrm{mm}$ であるが，図には 10 分間隔のものを表示する．そのほか併行して気圧，雨量等も観測している．本節では，北川・松本 (2000)[20] および北川 (2005)[17] の内容を簡単に紹介するが，トレンドモデルや地下水位変化と地震との関係を解析した応答モデルは，いわば局所的な関係を表現したモデルである．このような局所的モデルの利用によって，大局的には非常に柔軟なモデルを安定的に推定することができる．

2.3.1 状態空間モデルによる欠測値と異常値の処理

現在までに非常に多数の観測値が得られていることになるが，初期のデータには欠測や異常値が多数含まれている．図 2.6 で上方に突出している観測値が異常値である．そこで，本格的な解析の前にトレンドモデル

$$t_n = t_{n-1} + v_n, \quad y_n = t_n + w_n \tag{2.25}$$

を用いた処理を行った．ただし，システムノイズ v_n は正規分布 $N(0, \tau^2)$ に従うものと仮定する．一方，観測値に多数含まれる異常値（外れ値）を自動的に処理するために，観測ノイズとして下記の密度関数に従う正規分布，コーシー分布および（2 成分の）混合正規分布の三つのモデルを比較した．

$$\begin{aligned} r(w) &\sim \phi(w|0, \sigma^2) \\ r(w) &= \frac{\sigma}{\pi(w^2 + \sigma^2)} \\ r(w) &\sim (1-\alpha)\phi(w|0, \sigma^2) + \alpha\phi(w|\mu, \zeta^2) \end{aligned} \tag{2.26}$$

$$\tag{2.27}$$

ただし，$\phi(w|\mu, \sigma^2)$ は平均 μ，分散 σ^2 の正規分布の密度関数を表す．コーシー

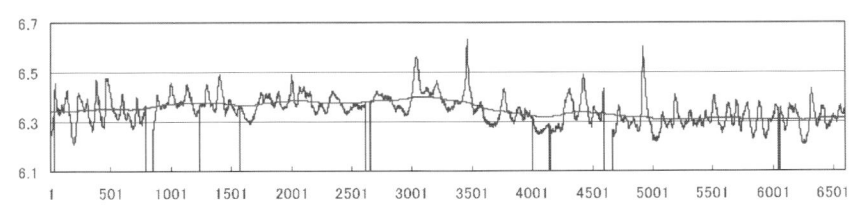

図 2.7 異常値・欠測値処理を行った地下水位データとトレンドモデルで推定したトレンド．単位 m，観測間隔 1 時間．

分布は正規分布より裾が重いことから，まれに発生する異常値を表現することができる．一方，二成分の混合正規分布は異常値の発生が一方に偏っている場合に適当である．あるデータ区間で AIC の値を比較すると，順に -8741，-8655，-8936 となって，明らかに混合正規分布モデルが良いことがわかる．本データの場合には，観測機器の問題で正値側の異常値が起こることがわかっていることから，混合正規分布モデルが良いのは極めて自然である．非ガウス型のフィルタリング・平滑化の実用化によって，このような非ガウス型分布を利用して，異常値と欠測値が存在する場合でもトレンド t_n 推定をできるようになっている．

図 2.7 は，このように異常値の処理をして，さらに 1 時間間隔のデータに直したデータ 9 か月間の動きを示したものである．異常値，欠測値の処理をしても，依然としてデータの変動は大きく，地震に関連する情報は見出せない．図にはトレンドモデルを用いて推定したトレンド t_n の推定値も示す．この滑らかなトレンドは観測された地下水の変動の傾向をよく表しているように見えるが，これだけでは地震に関連する情報はほとんど得られない．

2.3.2 気圧，潮汐，降雨の効果のモデリング

この原因は，地下水位が大気圧，地球潮汐，降雨などの外的要因の影響を強く受けていることにある．そこで，以下のようなモデルを考えてみる．

$$y_n = T_n + P_n + E_n + R_n + w_n \tag{2.28}$$

ただし，y_n，T_n および w_n は前項と同様に，観測値，トレンドおよび観測ノイズである．また，P_n は大気圧の影響を表す気圧効果成分で

表 2.1 推定したモデルのパラメータおよび AIC

モデル	AIC	分散	分布の歪み	主要な周期
トレンド	-21166	0.18×10^{-2}	負	3 日
気圧効果	-57635	0.12×10^{-5}	正	12.5 時間
地球潮汐	-59434	0.89×10^{-6}	—	長期の正相関
降雨効果	-61610	0.13×10^{-6}	対称	2 時間

$$P_n = a_0 p_n + \cdots + a_m p_{n-m} \tag{2.29}$$

によって与えられるものと仮定する．このように気圧の過去の値にも依存するモデルを想定する理由は，気圧の影響が現時点の値だけに限定されるとは限らないからである．実際に，大気圧と地下水位の相関は約 2 時間後に最も高い値をとることがわかった．

潮汐効果項 E_n は気圧効果項と同様に

$$E_n = b_0 \mathrm{et}_n + \cdots + b_\ell \mathrm{et}_{n-\ell} \tag{2.30}$$

の形で表されると仮定する．ただし，et_n は月，地球の引力に関連して，各地点で定まる地球潮汐と呼ばれる成分である．

降雨効果 R_n は気圧効果項や潮汐効果項とは異なり，ARMAX 型のモデル

$$R_n = c_1 R_{n-1} + \cdots + c_k R_{n-k} + d_0 r_n + d_1 r_{n-1} + \cdots + d_k r_{n-k} \tag{2.31}$$

を用いた．これは降雨 r_n の影響が非常に長期間にわたることが予想され，これを気圧効果項や潮汐効果項と同様に

$$R_n = d_0 r_n + d_1 r_{n-1} + \cdots + d_k r_{n-k} \tag{2.32}$$

のようなインパルス応答関数型のモデルで表現すると非常に多くの係数を推定する必要があるからである．

表 2.1 にはモデル (2.28) において，様々な下位モデルの AIC の値および残差系列の特徴を比較したものである．トレンドモデルはトレンド T_n と観測ノイズ w_n だけからなるモデルであり，成分モデル (2.29)(2.30)(2.31) において，それぞれ $m=0$，$\ell=0$，$k=0$ とおいたことに相当する．気圧効果モデルは

トレンドモデルに気圧効果項を加えたもので，AIC によれば次数 $m = 25$（時間）が選択され，約 1 日前までの影響までを考慮したモデルが良いことを示している．このモデルの AIC は -57635.1 で予測誤差分散 $\hat{\sigma}^2 = 0.120 \times 10^{-5}$ とともにトレンドモデルの AIC および予測誤差分散と比べて著しく予測能力が向上していることを示している．

　地球潮汐モデルは気圧効果モデルにさらに地球潮汐効果項を加えたものである．AIC による次数選択では $\ell = 2$ となり，潮汐の影響は 2 時間程度まで考慮するのがよいことがわかった．最小 AIC は -59434.9 で気圧効果モデルの AIC と比較して 1800 以上も減少しており，潮汐効果項の導入が効果的なことを示している．

　降雨効果モデルはさらに降雨効果項を加えたもので，AIC によれば最適な次数は $k = 5$ となった．このモデルの AIC は -61610.0 でさらに 2000 以上減少している．

　(2.28) の分解では地下水位の変動のうち，気圧，地球潮汐および降雨の効果としては表現できない地震の影響などがトレンド T_n として表されると期待される．したがって，地下水位データから気圧効果，地球潮汐効果，降雨効果を除去した残り，すなわち $T_n + w_n$ のことを地下水位の補正値と呼ぶことにする．図 2.8 は上から順に，異常値・欠測値処理を行った原データ，気圧効果項，地球潮汐項，気圧・潮汐効果を除去した地下水位データ，降雨効果項，補正された地下水位データを示す．

　気圧効果項は原データと酷似しており，50 cm 程度の地下水位の変動の主因が気圧の変化であることが示される．しかしながら，地下水位は 2 時間前の気圧との相関が最も高いことから，必ずしも現時点の気圧がそのまま地下水に反映しているわけではない．地球潮汐の効果は ± 1 cm 以下と微小であるが，いくつかの周期成分の重ね合わせによって生じる特徴的なパターンが検出されている．降雨効果は最大 5 cm 程度であるが，その影響は 300 時間（10 日）以上の長期間に及ぶことがわかる．最も下の図が地下水位の補正値であり，何箇所かに下方への変化が見られる．地震カタログを調べると，これらの水位変化は地震の発生時点と対応しており，補正値に検出された水位変化が地震の影響であることが示唆される．

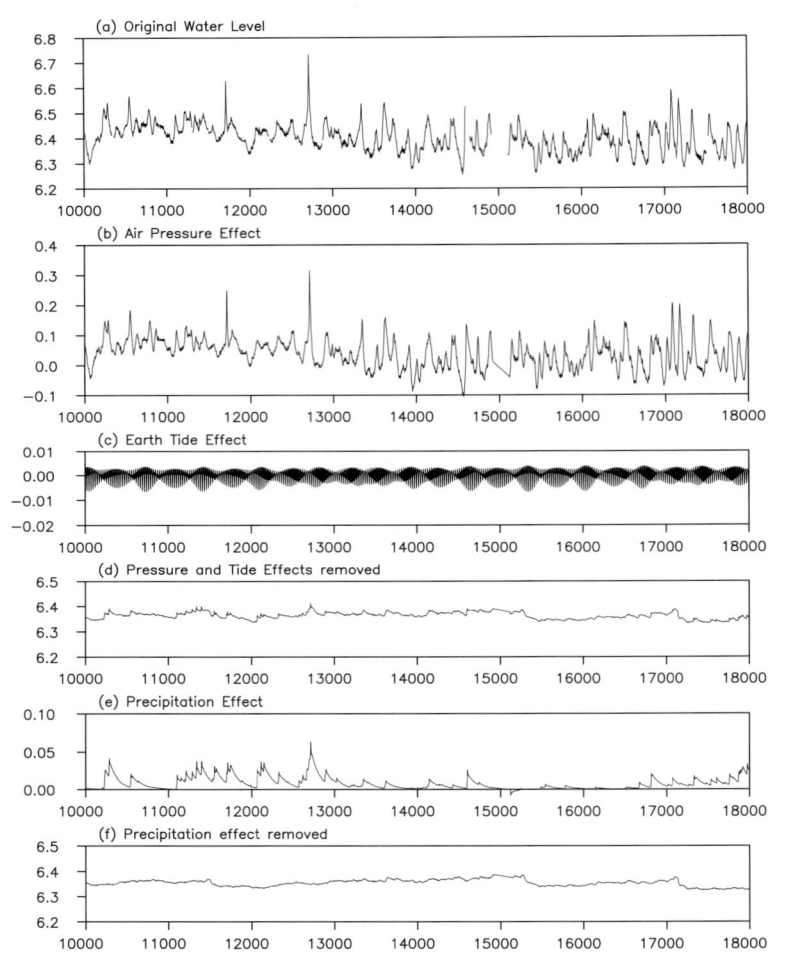

図 2.8 上から順に異常値・欠測値処理を行った原データ，気圧効果項，地球潮汐項，気圧・潮汐効果を除去した地下水位データ，降雨効果項，補正された地下水位（北川・松本 (2000)[20]）

図 2.9 は地震のマグニチュード（横軸，M）および震源距離（縦軸，$\log D$）と補正した地下水位の変化量の関係を示す．□ が 16 cm 以上，∗ が 4 cm 以上，△ が 1 cm 以上の変化が検出されたことを示す．+ はそれ以外の明確な影響が見られなかった地震を示す．この変化量は $M - c \log D$ と関係があることを示

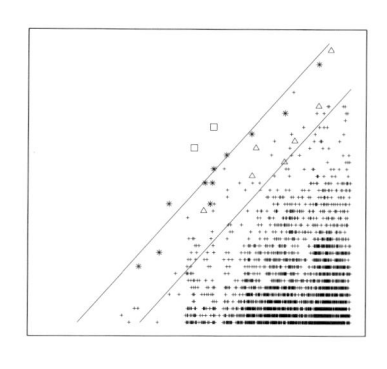

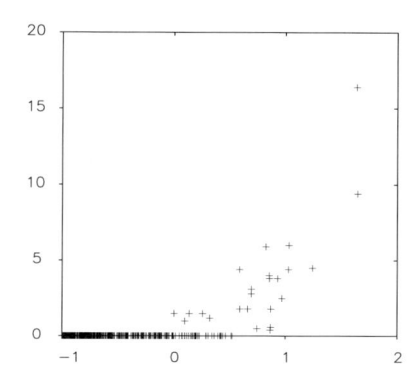

図 2.9 左：地震のマグニチュード，震源距離と地下水位変化量の関係（Kitagawa and Matsumoto (1996)[19]），右：修正マグニチュードと地下水位変化量の関係．横軸は $M - 2.45 \log D$．（北川・松本 (2000)[20]）

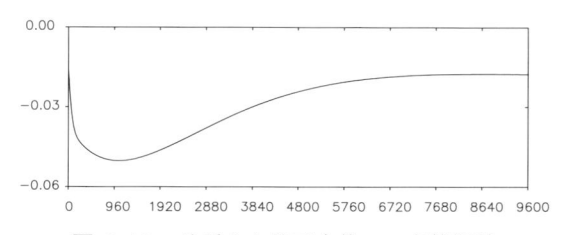

図 2.10 地震から地下水位への応答関数

唆している．実際，横軸に $M - 2.45 \log D$，縦軸に水位変化量をとって図示した右図を見ると $M - 2.45 \log D > 0$ の範囲では，比較的直線的な関係が成り立つことがわかる．

図 2.10 は推定された降雨効果モデルから推定された地震から地下水位への応答関数である．地震の影響は極めて長期間（5000 時間）に及ぶことが示されている．また，それ以降も 0 に減衰していないことは興味ある結果である．

本節では，地下水位データから気圧，地球潮汐および降雨の影響を状態空間モデルを利用して除去することによって，地震の影響と考えられる水位変化を検出できることを示した．しかし，このモデルの残差系列には 24 時間周期の自己相関が多少残されており，気温などの自然現象あるいは人間の活動のような日周変化を示す要因の影響が残されている可能性は否定できない．モデルの

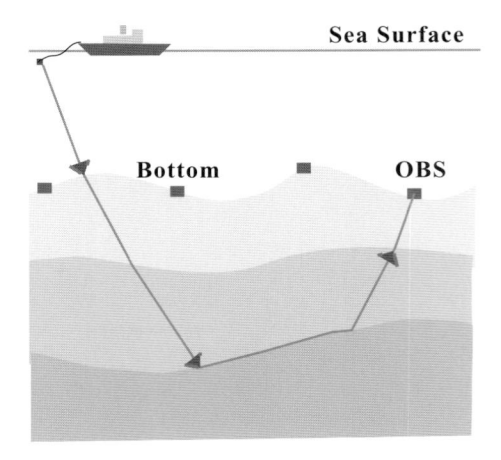

図 2.11　海底地震計データによる地下構造探査

改良の可能性は残っている．

2.4　海底地震計データによる地下構造探査

2.4.1　OBSデータと時空間モデリング

　北海道大学地震火山研究観測センターは海底の地下構造探査を目的に海底地震計による観測を行っている．2000 m 程度の海底に OBS（海底地震計）を設置し，等速度で航行する実験船から 70 秒（約 200 m）間隔で 982 回，エアガンによって信号を送り，地震計で観測を行った．OBS では毎回 1/256 秒のサンプリング時間で 60 秒間の記録をとった結果，15366 点の時系列が 982 系列得られた．本節では Kitagawa et al. (2002)[22] の内容とその後の解析結果を簡単に紹介する．本節での試みは，時系列方向だけではなく，空間方向にも局所的なモデルを導入しようとするものである．隣接する 2 系列間の関係だけをモデル化することによって，簡単なモデルで大局的には極めて柔軟な時空間モデルを構築することが可能となる．ただし，時空間平滑化には困難がつきまとう．本節の近似計算はそれを回避するための大胆な近似にすぎないことは注意しておきたい．

実験船からエアガンで信号を送ると，様々な経路を通って海底に設置された OBS に到達する．本節では，海中だけを通る波を直接波，海底の地中を通過した波を反射波と簡単に呼ぶことにするが，実際には反射波，屈折波が存在する．OBS で観測して得られたデータは直接波，反射波およびその他のノイズの重ね合わせであると仮定して，以下のようなモデルを想定する．

$$y_{nj} = r_{nj} + s_{nj} + w_{nj} \tag{2.33}$$

ただし，y_{nj} は時刻 n における地点 j の観測値，r_{nj}, s_{nj}, w_{nj} はそれぞれ，時刻 n，地点 j の直接波，反射波，ノイズとする．ここで，観測値 y_{nj} から直接波と反射波を分離抽出するために，時間方向および空間方向にそれぞれモデルを想定することにする．

まず，$r_{n,j}$ と $s_{n,j}$ の時間的変化に関するモデルとしては，従来から信号抽出に用いられてきた時系列モデルを利用することにする (Kitagawa and Gersch (1996)[18], Kitagawa et al. (2000)[21])．直接波は海水中のみを通る疎密波，一方，反射波は地中を通る P 波あるいは S 波で伝播速度も異なるので，それぞれ下記のように二つの異なる AR モデルで近似できるものとする．

$$\begin{aligned} r_{n,j} &= \sum_{i=1}^{\ell} a_i r_{n-i,j} + u_{n,j} \\ s_{n,j} &= \sum_{i=1}^{m} b_i s_{n-i,j} + v_{n,j} \end{aligned} \tag{2.34}$$

ただし，$u_{n,j} \sim N(0, \tau_{n,j}^2)$，$v_{n,j} \sim N(0, \xi_{n,j}^2)$，$w_{n,j} \sim N(0, \sigma_j^2)$ と仮定する．ここで，$\tau_{n,j}^2$ と $\xi_{n,j}^2$ がともに時刻 n に依存して変化することに注意する必要がある．

2.4.2 信号の伝播経路のモデル

次に空間方向に関するモデリングを考えてみる．OBS による観測データには，船からの直接波のほかに反射波，屈折波，ノイズなどが混在する．発振した地点の直下では水中を直接伝わった波（約 1.5 km/sec）が卓越し初動となるが，水中よりも地中の伝播速度が速いために水深が 2000 m 程度の場合，震源

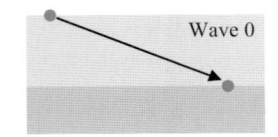

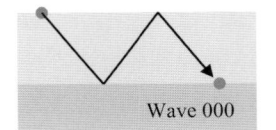

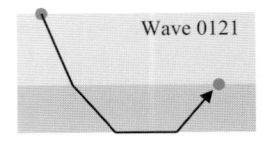

図 2.12　伝播経路の例: Wave(0), Wave(000), Wave(0121)

表 2.2　経路モデルと初動の到着時刻

経路	到着時刻
Wave(0^{2k-1})	$v_0^{-1}((2k-1)^2 h_0^2 + D^2)^{1/2}$
Wave($0^{2k-1}1$)	$(2k-1)v_0^{-1}(h_0^2 + d_0^2)^{1/2} + v_1^{-1}(D - 3d_0)$
Wave($0^{2k-1}121$)	$(2k-1)v_0^{-1}(h_0^2 + d_{02}^2)^{1/2} + 2v_1^{-1}(h_1^2 + d_{12}^2)^{1/2}$
	$+ v_2^{-1}(D - d_{02} - 2d_{12})$
Wave(012321)	$v_0^{-1}(h_0^2 + d_{03}^2)^{1/2} + 2v_1^{-1}(h_1^2 + d_{13}^2)^{1/2}$
	$+ 2v_2^{-1}(h_2^2 + d_{23}^2)^{1/2} + v_3^{-1} d_3$

$$d_{ij} = s_i h_i (s_j^2 - s_i^2)^{-1/2}, \quad d_3 = D - d_{03} - 2d_{13} - 2d_{23}$$

からの水平距離が約 15 km を超えると下層からの反射波が先に到着する．実際には様々な経路を伝わった波が到達するので，空間構造はかなり複雑となる．

一つのモデルとして海底に水平 3 層構造を仮定し，水深を h_0 km，地下各層の厚さをそれぞれ h_1, h_2, h_3 km，各層での最速の伝播速度を v_0, v_1, v_2, v_3 km/sec とする．また，Wave($i_1 \cdots i_k$), ($i_j = 0, 1, 2, 3$) によって波の伝播経路を表すことにする．たとえば，Wave(0) は地震計まで海中を直接伝わる直接波，Wave(01) は海底表面に沿って伝わる実体波，Wave(000121) は海底と海面で反射したあと，海底の第 1 層と第 2 層の境界に沿って伝わった波を表す (図 2.12)．表 2.2 には，このモデルによって求めた走時曲線を示す (宇津 (1977)[31])．信号が十分大きな場合には，各観測点には通常これらの波のうちのいくつかが順次現れる．図 2.13 は，横軸を震源と地震計の水平距離 D を，縦軸には到着時刻をとって，各経路の関係を示したものである．ただし，当地域の平均的な構造として，$h_0 = 2.1$ km，$h_1 = 3.2$ km，$h_2 = 4.9$ km，$h_3 = 5.0$ km，$v_0 = 1.455$ km/sec，$v_1 = 2.7$ km/sec，$v_2 = 4.6$ km/sec，$v_3 = 7.5$ km/sec と仮定した．地下構造が単純な水平層構造の場合でも波の到着時刻は水平距離 D に

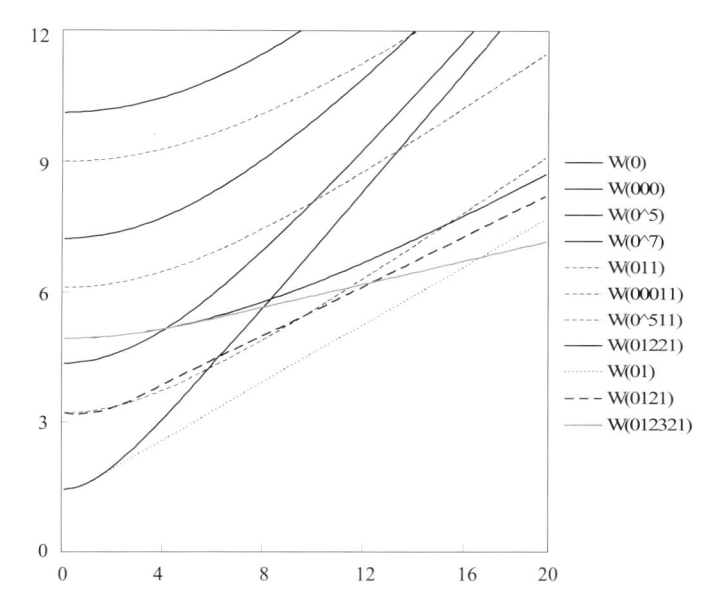

図 2.13 各経路モデルの到着時刻．横軸：震源距離 (km)，縦軸：到着時刻（秒）．

表 2.3 経路モデルと震央距離による到着時刻差の変化

経路モデル	D: 震央距離 (km)				
	0	5	10	15	20
Wave(0)	1.7	32.3	34.4	34.8	35.0
Wave(000)	0.6	21.6	29.7	32.4	33.5
Wave(00000)	0.3	14.9	24.1	28.8	31.1
Wave(011)	—	10.5	15.4	17.2	17.9
Wave(01221)	—	12.9	14.7	15.1	15.3
Wave(012321)	—	—	10.2	10.2	10.2

よって複雑に変化することがわかる．実際には，各層は水平とは限らず，また各層を伝わる波もP波，S波，表面波等がありそれぞれ速度が異なっている．

2.4.3 隣接系列との相関構造

このように，地下構造を仮定すれば，それぞれの経路モデルの到着時刻が計算できる．しかし，これらの構造モデルやそのパラメータの推定が問題であり，

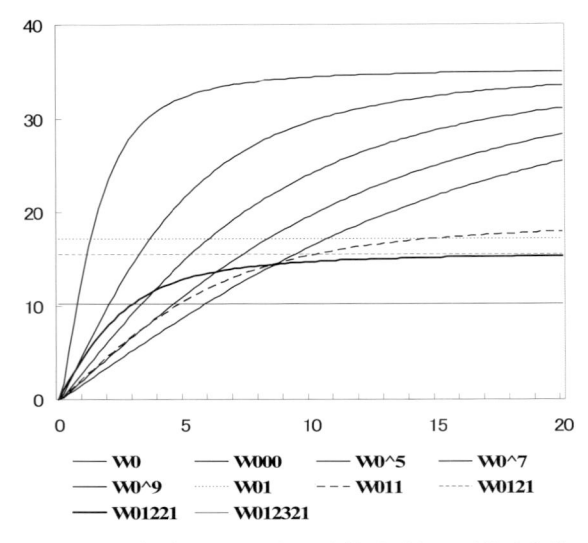

図 2.14　経路モデルごとの隣接系列との到着時点差

それらの正確な推定値が得られると仮定するのではモデリングの役に立たない．計算に利用した三層構造やパラメータの値自体が一つの仮定にすぎない．しかし，ある程度の構造を仮定して隣り合った2系例間での到着時刻の差をモデル化することは可能である．

表 2.3 は，表 2.2 で示したいくつかの経路モデルに対して，隣り合った観測地点間での到着時刻の差を観測点数の単位で示したものである．地中を伝わった波，Wave(01), (0121), (012321) などは震源距離 D に依存せず一定で，その遅延時間は下層になるほど短くなっている．一方，水中のみを伝わる波 Wave(0), (000), (00000) の場合には，遅れ時間は震央距離 D に依存して変化するが，その遅れ時間は $D > 10\,\mathrm{km}$ ではほとんど 30 点程度の遅れとなっている．また，図 2.14 は経路モデルごとに j に対する到着時点差をプロットしたものである．これらの到着時刻差は仮定したモデルから求めることができるが，局所的な相互相関関数から推定することもできる．

このようにして経路モデル Wave(M)，時刻 n，地点 j ごとに定まる到着時刻差を $k_{n,j,\mathrm{Wave}(M)}$ と表すことにすると，隣り合った系列間では，減衰を無視

した場合には

$$s_{n,j} = s_{n-K,j-1} + \varepsilon_{n,j,m} \tag{2.35}$$

という関係が成り立つ．ただし，$K = k_{n,j,\text{Wave}(M)}$ は時刻，系列，波の種類によって変化する．

2.4.4 時空間フィルタリング

以上をまとめると，OBSデータからの信号抽出のための時空間構造モデルとして以下のようなモデルを想定することになる．

$$\begin{aligned}
y_{n,j} &= r_{n,j} + s_{n,j} + w_{n,j} \\
r_{n,j} &= \sum_{i=1}^{\ell} a_i r_{n-i,j} + u_{n,j} \\
s_{n,j} &= \sum_{i=1}^{m} b_i s_{n-i,j} + v_{n,j} \\
r_{n,j} &= r_{n-K(r),j-1} + \varepsilon_{n,j,m} \\
s_{n,j} &= s_{n-K(s),j-1} + \varepsilon_{n,j,m}
\end{aligned} \tag{2.36}$$

ただし，$K(r) = k_{n,j,\text{Wave}(r)}$，$K(s) = k_{n,j,\text{Wave}(s)}$ である．

このモデルを厳密に状態空間モデルの形で表現するには巨大な状態ベクトルを用いる必要がある．そこで，時系列モデルの状態空間表現に必要な状態ベクトル $x_{n,j} = (r_{n,j}, \cdots, r_{n-m,j}, s_{n,j}, \cdots, s_{n-\ell,j})^{\mathrm{T}}$ を定義しておく．このとき，系列 $j-1$ から j へ時間差 k で波が伝達するものと仮定すると，系列 j の時刻 n における値 $x_{n,j}$ は $x_{n-1,j}$ と $x_{n-k,j-1}$ に依存することになる．この場合 $x_{n,j}$ の条件付分布は

$$\begin{aligned}
&p(x_{n,j}|x_{n-1,j}, x_{n-k,j-1}) \\
&= \frac{p(x_{n,j}|x_{n-1,j}) p(x_{n-k,j-1}|x_{nj}, x_{n-1,j})}{p(x_{n-k,j-1}|x_{n-1,j})}
\end{aligned} \tag{2.37}$$

と表現できるが，信号が系列 $j-1$ から j に一方的に時間差 k で伝播するという仮定のもとでは (2.37) において $p(x_{n-k,j-1}|x_{nj}, x_{n-1,j}) = p(x_{n-k,j-1}|x_{n,j})$，

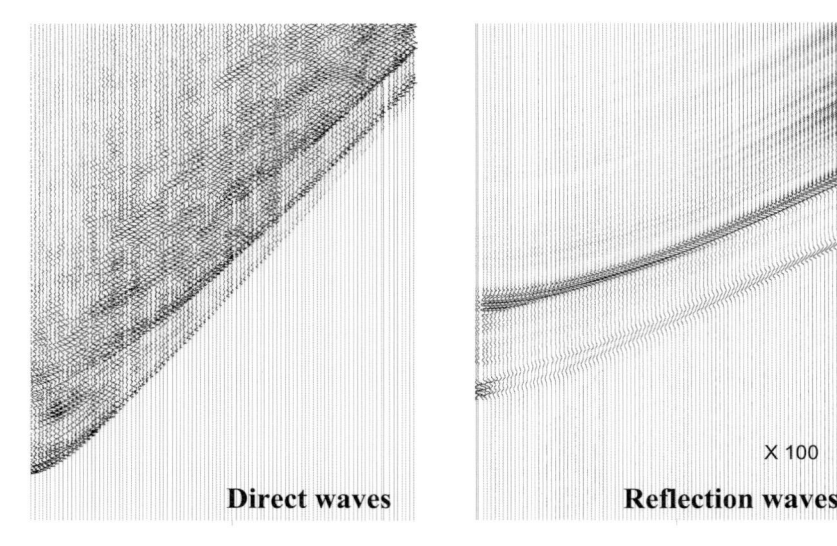

図 2.15　抽出された直接波（左）と反射波（右）

$p(x_{n-k,j-1}|x_{n-1,j}) = p(x_{n-k,j-1})$ が成り立つので

$$p(x_{n,j}|x_{n-1,j}, x_{n-k,j-1}) \\ = \frac{p(x_{n,j}|x_{n-1,j})p(x_{n-k,j-1}|x_{n,j})}{p(x_{n-k,j-1})} \qquad (2.38)$$

となる．これは，$x_{n-k,j-1}$ を $y_{n,j}$ と同様の「観測値」とみなしてフィルタリングを行えばよいことを意味している．

実際には，各層の伝達速度 v_i，厚さ h_i などは j の増加とともに徐々に変化し，またいくつかの異なった波動が混在する可能性があるので，適当な $k_L \leq k \leq k_H$ に対して確率分布 $\{\alpha_k\}$ を想定し

$$p(x_{n,j}|x_{n-1,j}, x_{n-k,j-1}) \\ = \sum_{i=k_L}^{k_H} \alpha_k p(x_{n,j}|x_{n-1,j}, x_{n-k,j-1}) \qquad (2.39)$$

を求める必要がある．

図 2.15 はこのような近似フィルタリングによって推定した，$r_{n,j}$（左）と

$s_{n,j}$（右）を示す．右の反射波の信号は極めて小さいので100倍して表示している．信号に関する様々な知識を局所構造モデルの形で状態空間モデルに投入することによって，原データでは存在が明確でなかった反射波の存在が明らかになっている．

謝辞： 本章の3節および4節で用いたデータを提供された独立行政法人 産業技術総合研究所の松本則夫氏および北海道大学地震火山研究観測センターの高波鉄夫氏に感謝する．また，2節の解析の一部は松本則夫氏との共著の論文およびそれに関連する共同研究の結果，3節の内容の一部は高波鉄夫氏との共同研究の結果である．

参考文献

[1] H. Akaike, Fitting autoregressive models for prediction, *Annals of the Institute of Statistical Mathematics*, Vol. 21, pp.243–247, 1969.

[2] H. Akaike, Information theory and an extension of the maximum likelihood principle, *2nd International Symposium on Information Theory*, Petrov and Csaki, eds., Akademiai Kiado, Budapest, pp.267–281, 1973.

[3] H. Akaike, A new look at the statistical model identification, *IEEE Transactions on Automatic Control*, Vol.19, pp.716–723, 1974.

[4] H. Akaike, On entropy maximization principle, *Applications of Statistics*, P. R. Krishnaiah ed., North-Holland Publishing Company, pp.27–41, 1977.

[5] H. Akaike, Likelihood and the Bayes procedures, in *Bayesian Statistics*, J.M. Bernardo, M.H. De Groot, D.V. Lindley and A.F.M. Smith, eds., University Press, Valencia, Spain, pp.143–166, 1980.

[6] 赤池弘次，北川源四郎編，時系列解析の実際 I, II，朝倉書店，1994, 1995.

[7] 赤池弘次，中川東一郎，ダイナミックシステムの統計的解析と制御（新訂版），サイエンス社，2000.

[8] J. Cavanaugh and R. Shumway, A Bootstrap variant of AIC for state-space model selection, *Statistica Sinica*, Vol.7, pp.473–496, 1997.

[9] A. Doucet, N. de Freitas and N. Gordon, *Sequential Monte Carlo Methods in Practice*, Springer-Verlag, 2001.

[10] I. J. Good and R. A. Gaskins, Nonparametric roughness penalties for probability densities, *Biometrika*, Vol. 58, pp.255–277, 1971.

[11] 石黒真木夫，佐藤忠弘，田村良明，大江昌嗣，地球潮汐データ解析－プログラム BAYTAP の紹介－，統計数理研究所彙報，Vol.32, pp.71–85, 1984.

[12] M. Ishiguro, Y. Sakamoto and G. Kitagawa, Bootstrapping log likelihood and EIC, an extension of AIC, *Annals of the Institute of Statistical Mathematics*, Vol. 49, pp.411–434, 1997.

[13] G. Kitagawa, Non-Gaussian state-space modeling of nonstationary time series, *Journal of the American Statistical Association*, Vol.82, pp.1032–1063, 1987.

[14] G. Kitagawa, Monte Carlo filter and smoother for non-Gaussian nonlinear state space models, *Journal of Computational and Graphical Statistics*, Vol.5, pp.1–25, 1996.

[15] G. Kitagawa, Self-organizing state space model, *Journal of the American Statistical Association*, Vol.93, pp.1203–1215, 1998.

[16] 北川源四郎，時系列解析入門，岩波書店，2005.

[17] 北川源四郎，モデル進化の契機としてのヴァリデーション，モデルヴァリデーション第5章，共立出版，2005.

[18] G. Kitagawa and W. Gersch, *Smoothness Priors Analysis of Time Series*, Springer-Verlag, New York, 1996.

[19] G. Kitagawa and N. Matsumoto, Detection of coseismic changes of underground water level, *Journal of the American Statistical Association*, pp.521–528, 1996.

[20] 北川源四郎，松本則夫，時系列モデルによる大量データからの情報抽出，地下水位データの解析，人工知能学会誌，Vol.15, pp.673–680, 2000.

[21] G. Kitagawa, T. Takanami and N. Matsumoto, Signal extraction problems in seismology, *International Statistical Review*, Vol. 69, No.1, pp.129–152, 2001.

[22] G. Kitagawa, T. Takanami, A. Kuwano, Y. Murai and H. Shimamura, Extraction of signal from high dimensional time series: Analysis of ocean bottom seismograph data, *Progress in Discovery Science*, pp.449–458, 2002.

[23] S. Konishi and G. Kitagawa, Generalized information criteria in model selection, *Biometrika*, Vol.83, pp.875–890, 1996.

[24] 小西貞則, 北川源四郎, 情報量規準, 朝倉書店, 2004.

[25] 坂元慶行, 石黒真木夫, 北川源四郎, 情報量統計学, 共立出版, 1983.

[26] G. Schwarz, Estimating the dimension of a model, *Annals of Statistics*, Vol. 6, pp.461–464, 1978.

[27] R. Shibata, Bootstrap estimate of Kullback-Leibler information for model selection, *Statistica Sinica*, Vol.7, pp.375–394, 1997.

[28] M. Stone, An asymptotic equivalence of choice of model by cross-validation and Akaike's criterion, *Journal of the Royal Statistical Society*, B, Vol. 39, pp.44–47, 1977.

[29] N. Sugiura, Further analysis of the data by Akaike's information criterion and the finite corrections, *Communications in Statistics Series A*, Vol. 7, pp.13–26, 1978.

[30] 竹内啓, 情報統計量の分布とモデルの適切さの規準, 特集:情報量規準, 数理科学, 3月号, pp.12–18, 1976.

[31] 宇津徳治, 地震学, 共立全書, 1977.

[32] E. Whittaker, On a new method of graduation, *Proceedings of Edinburgh Mathematical Society*, Vol. 41, pp.63–75, 1923.

3. 情報学における More is different
▶樺島祥介

はじめに

　赤池情報量規準 AIC は情報量に基づいて導かれた概念である．さて，情報理論の開祖シャノンが情報符号化の問題に取り組む中で情報量の着想を得た際，統計力学からエントロピーという用語を借用したことは有名である．この逸話が示すように，情報量はもともと統計力学と浅からぬ関係にある．しかしながら，誕生時以降，情報量概念は情報科学の中で独自の発展を遂げ，自然現象を主な対象とする統計力学と本格的な交わりをもつことはほとんどなかった．

　ところが，最近，情報量と統計力学との距離が急速に縮まりつつある．目で見，手で触れることのできる自然現象と異なり，情報は感覚的な理解の難しい量である．そのためであろうか，物理学のトレーニングを受けた筆者から見ると情報理論をはじめとする情報科学の理論研究は大筋として概念の基礎付け，また，数学的精緻化を目指して深化してきたように思える．それに対し，統計力学はエントロピー概念を駆使しながら自然が提示する多様な振る舞いを解明する方向に発展してきた．

　モノの科学である自然科学においてエントロピー概念が重要になるのはたくさんの微視的（ミクロ）な要素から構成される系の巨視的（マクロ）な振る舞いを調べる多体問題において，である．たくさんのモノが絡み合った多体問題の

解析は一般に難しい．けれども，自然の中に存在する多くの多体問題には，要素が多数集まった結果マクロレベルにはミクロレベルとは質的に異なる法則や現象が現れる，といった共通した特徴が見られる．自然科学においてこうした特徴はしばしば「More is different（量が増えれば質が変わる）」というフレーズで表現される (Anderson (1972)[1])．たとえば，同一の水分子で構成される水が温度の変化に応じて固体，液体，気体とまったく異なる振る舞いを示す様子はその最も身近な例といえる．というよりはむしろ，統計力学はそういった特徴を備える多体問題を強く意識しながら発展してきたのである．結果として，統計力学では数学的には多少荒削りであっても More is different という概念をうまく切り出す着眼方法や計算技術が発達してきた．最近になって，それらの方法や技術が情報通信や計算機科学などに現れる多体問題に対しても有用であるとの認識が急速に広まっているのである（西森 (1999)[8], Manasson et al. (1999)[7], Kabashima (2006)[5]）．

こうした動向は AIC と直接関係するものではない．けれども，このような接近法の出現はその背景となっている情報量に関する理論研究一般に今後少なからず影響を与える可能性がある．その意味では AIC とまったく無縁であるともいい切れないであろう．こういった観点から，本章では AIC の周辺に現れた新しい研究の潮流として，情報科学における統計力学的接近法のエッセンスを紹介したい．

本章の構成は以下の通りである．次節ではモノとコトの科学の類似性と相違点を整理するために共通する概念であるエントロピーを基軸としてモノの科学（統計力学）とコトの科学（情報理論）の特徴を比較する．細かな差異はあるものの，両分野ともエントロピーを基本概念として高次元の極限において確率モデルのマクロな振る舞いに目を向ける理論であるところは同じである．ただし，多体問題を意識した統計力学が要素間の相互作用による影響が表に現れる形での高次元化を念頭におく一方で，符号化の考察から誕生した情報理論における高次元化は主に独立同一分布抽出，相互作用を考察する場合にも 1 次元的なマルコフ連鎖，に基づいたものであった．独立同一分布抽出は多くの場合 1 体問題に還元可能である．そのためこの方向に発展した情報理論には多体問題を扱う技術と経験が不足している．統計力学的接近法は情報科学におけるこの

不足を補う枠組みであると位置づけられる．2節では，磁性体の相転移モデルを具体例として取り上げ統計力学では多体問題がどのように解かれているのかを述べる．続く3節で同様の接近法が情報科学に成功裏に応用された例として無線通信の基盤技術である符号分割多重接続（Code Division Multiple Access: CDMA）方式の数理モデルの解析を紹介する．最終節はまとめである．

3.1 エントロピーから見たモノの科学とコトの科学

3.1.1 モノの科学とエントロピー：カノニカル分布

はじめに断っておくが，以下に述べるエントロピー最大化によるカノニカル分布（ギブス，ボルツマン分布とも呼ばれる）の導出は統計力学と情報エントロピーとのつながりを強調するために示すものであり，カノニカル分布の標準的な解説というわけではない．標準的な導出は，久保(1971)[6]等をご覧いただきたい．

ミクロな状態変数の組 S に対してエネルギーが $\mathcal{H}(S)$ で与えられる物理系を考える．以下の議論は必ずしも多体系に限定されないが，気体のように多数のミクロな要素からなるシステムに適用される場合が多い．（古典論の）気体なら S はすべての気体分子 $i\,(=1,2,\cdots,N)$ に対して位置 q_i，運動量 p_i を表した変数の組 $\{(q_i,p_i)\}_{i=1}^N$ である．エネルギー関数は運動エネルギー，分子間の相互作用によるエネルギーなどから構成される．気体の場合なら

$$\mathcal{H}(\{(q_i,p_i)\}) = \sum_{i=1}^N \frac{1}{2m}|p_i|^2 + \sum_{i>j} V(|q_i - q_j|) \tag{3.1}$$

のような形を仮定することが多い．m は気体分子の質量であり，右辺第一項が運動エネルギー，第二項の $V(|q_i-q_j|)$ は分子間の適当な相互作用エネルギーを表現している．この系が熱浴と相互作用し熱平衡状態に達しているとする．簡単のため，熱浴とのやり取りは熱エネルギーのみであり，粒子（分子）の交換は考えないことにする．

熱の定義は難しいが直感的にはランダムなノイズの源のようなものである．そのため熱の影響を受けたミクロな状態 S は平衡状態において確率的に出現す

ると考えられる．ここで問題とするのはこれをどのような分布 $P(\boldsymbol{S})$ によって表現するか，である．その際，「系の平均（内部）エネルギーは U で与えられる」という条件を課す．これはマクロな系を考察することによって得られる熱力学の知見から内部エネルギーが熱平衡状態を特徴づける巨視的な状態量の一つであることが示唆されるからである．さらに「最も恣意性を排除した分布でモデル化する」ことを課す．ここにエントロピーが現れる．

具体的には分布の規格化条件[1]

$$\sum_{\boldsymbol{S}} P(\boldsymbol{S}) = 1 \tag{3.2}$$

ならびに内部エネルギーに関する拘束条件

$$\sum_{\boldsymbol{S}} \mathcal{H}(\boldsymbol{S}) P(\boldsymbol{S}) = U \tag{3.3}$$

の下，エントロピー

$$S(P) = -\sum_{\boldsymbol{S}} P(\boldsymbol{S}) \ln P(\boldsymbol{S}) \tag{3.4}$$

を最大化する[2]．エントロピーが無知識の度合いを表すことは情報理論的な説明を必要とするが，ここではそれを受け入れた立場をとる．この拘束条件付最大化問題はラグランジュの未定乗数法により

$$\tilde{S}(P, \alpha, \beta) = S(P) - \alpha \Big(\sum_{\boldsymbol{S}} P(\boldsymbol{S}) - 1 \Big) - \beta \Big(\sum_{\boldsymbol{S}} \mathcal{H}(\boldsymbol{S}) P(\boldsymbol{S}) - U \Big) \tag{3.5}$$

に関する拘束条件のない変分問題に帰着される．$P(\boldsymbol{S})$ に関して変分条件を解くと

$$P(\boldsymbol{S}) = \exp\left[-\alpha - 1 - \beta \mathcal{H}(\boldsymbol{S})\right] \tag{3.6}$$

---

[1] ここでは $\boldsymbol{S}$ が連続の場合も含めて和は Σ 記号で表している．連続の場合は適宜 $\int$ に読み替えていただきたい．
[2] 統計力学では (3.4) にボルツマン定数 K_B が掛かるが，ここでは $K_B = 1$ とする単位を用いていると考える．

が得られる．α, β は条件 (3.2), (3.3) から定まる．α は簡単に求まり $\alpha = -1 + \ln\left(\sum_{\boldsymbol{S}} \exp\left[-\beta H(\boldsymbol{S})\right]\right)$ となる．最終的に得られる

$$P_{\mathrm{ca}}(\boldsymbol{S}) = Z^{-1}(\beta) \exp\left[-\beta \mathcal{H}(\boldsymbol{S})\right] \tag{3.7}$$

がカノニカル分布であり，エントロピー最大化の意味で熱平衡状態を表現する最良の分布を与える．ただし，$Z(\beta) = \sum_{\boldsymbol{S}} \exp\left[-\beta \mathcal{H}(\boldsymbol{S})\right]$ は分配関数と呼ばれる規格化定数であり，β は内部エネルギー U から陰的に定まる．

さて，ここではエントロピー (3.4) の最大化からカノニカル分布 (3.7) を導いたが，エントロピー概念が誕生した経緯を考えると実際には順序が逆である．これを示すために (3.7) を (3.4) に代入し

$$S(\beta) = \beta \sum_{\boldsymbol{S}} \mathcal{H}(\boldsymbol{S}) P_{\mathrm{ca}}(\boldsymbol{S}) + \ln Z(\beta) \tag{3.8}$$

と変形する．ここで拘束条件 (3.3) より $\sum_{\boldsymbol{S}} \mathcal{H}(\boldsymbol{S}) P_{\mathrm{ca}}(\boldsymbol{S}) = U(\beta)$ とし，$F(\beta) \equiv -\beta^{-1} \ln Z(\beta)$ としよう．熱平衡状態がカノニカル分布 (3.7) によって表現されるとすれば，(3.8) は

$$S(\beta) = \beta(U(\beta) - F(\beta)) \tag{3.9}$$

という恒等式が一般的に成立することを意味している．$S(\beta)$, $U(\beta)$, $F(\beta)$ をそれぞれ熱力学におけるエントロピー，内部エネルギー，ヘルムホルツ自由エネルギー，また，ラグランジュ乗数 β を絶対温度 T の逆数と"解釈"すれば，(3.9) は熱力学で知られている熱平衡状態においてこれら三つの状態量間に成立する関係式を再現している（原島 (1978)[2]）．つまり，順序としては別の方法によって導かれたカノニカル分布 (3.7) により熱力学から示唆される関係式 (3.9) が再現されることが"発見"され，その際，（統計力学や情報理論が成立する以前から知られていた）熱力学のエントロピーに対応していることから分布 $P(\boldsymbol{S})$ に関する汎関数 (3.4) が"エントロピー"と呼ばれるようになったのである．

決定論的な物理法則からなぜ確率によるモデル化が導かれるのかなど，カノニカル分布の正当化にはこのほかにも様々な議論の余地がある．それらを議論

する分野は統計力学では基礎論と呼ばれており今日でも活発な研究が繰り広げられている．しかしながら，どういう導出法や正当化であれカノニカル分布(3.7)を認めてしまえば残された問題は具体的なシステムに対してこの分布から情報を抽出する，もっと踏み込んでいえば，種々の期待値を評価すること以外の何ものでもない．変数が少ない分布の期待値計算は容易にできてしまうので，必然的に主な研究課題は評価の難しい高次元（通常は無限次元）の分布をどのように手なずけるかということになる．狭い意味での統計力学とはその際に有用となる計算テクニックのパッケージ集にほかならない．

3.1.2 コトの科学とエントロピー：情報源の符号化

さて，導出原理を与えるか，あるいは，熱力学による正当化の橋渡しとしての役割を担うかは別にして，統計力学においてカノニカル分布による熱平衡状態の"モデル化"にエントロピーが深く関与していることを述べた．次に，情報の問題でも確率分布に基づいた問題の定式化がなされエントロピーが重要な役割を果たすことを示そう．考察するのは情報理論の最も基本的な問題である情報源符号化である．これはそれまでもっぱら自然科学の概念であったエントロピーに情報の量としての意味が見出されるきっかけとなった問題である(Shannon (1948)[9])．

有限個の離散事象が確率分布 $P(\boldsymbol{x})$ に従って発生する状況を想定する．$P(\boldsymbol{x})$ を情報源と呼ぶ．発生する事象を2種類のアルファベット 0, 1 の並び（符号）により表現する符号化の問題を考える[3]．考察するのはどのように符号を設計すればもとの事象を誤りなく同定でき（一意復号可能），かつ，平均符号長が最も短くなるか，という問題である．

各事象 $\boldsymbol{x}$ に割り当てる符号長を $l(\boldsymbol{x})$ としよう．$l(\boldsymbol{x})$ は $\boldsymbol{x}$ に割り当てられた符号の長さなので $1, 2, 3, \cdots$ という離散的な値をとる．このとき平均符号長は

$$L(l) = \sum_{\boldsymbol{x}} P(\boldsymbol{x}) l(\boldsymbol{x}) \tag{3.10}$$

で与えられる．平均符号長が各事象の符号長 $l(\boldsymbol{x})$ に関する汎関数であることを

---

[3] より一般的には k 個のアルファベットによる符号化を考えるがここでは簡単のため2元アルファベットによる符号化に限る．

強調するために $L(l)$ と記してある．(3.10) の各事象に割り当てる符号長を短くすれば平均符号長は当然短くなる．ただし，各符号長を限界以上に短くすると区別できる事象の数が足らなくなり与えられた符号からもとの事象を一意に復号できなくなる．最適な符号長の割り当て方は平均符号長の最小化と一意復号可能性という二つの要請のトレードオフから定まる．

平均符号長 (3.10) と比較して復号可能性という操作に関する条件を数式として表現するのは難しそうである．ところが，意外にもこの必要十分条件はクラフトの不等式と呼ばれる不等式

$$\sum_{\bm{x}} 2^{-l(\bm{x})} \leq 1 \tag{3.11}$$

によって簡潔に表現できる（平澤 (2000)[3] 等を参照のこと）．この条件を用いるとエントロピー

$$H(X) = -\sum_{\bm{x}} P(\bm{x}) \log_2 P(\bm{x}) \tag{3.12}$$

が平均符号長 (3.10) の下界を与えることが示される．ここで (3.12) は対数の底の違いを除いて (3.4) と同じ定義となっていることを強調しておこう．そのために，この符号長の下界を与える量も"エントロピー"と呼ばれるようになったのである．

証明は以下のようにすればよい．まず，(3.10) を

$$\begin{aligned} L(l) &= -\sum_{\bm{x}} P(\bm{x}) \log_2 P(\bm{x}) + \sum_{\bm{x}} P(\bm{x}) \log_2 \frac{P(\bm{x})}{2^{-l(\bm{x})}} \\ &= H(X) + \sum_{\bm{x}} P(\bm{x}) \log_2 \frac{P(\bm{x})}{2^{-l(\bm{x})}} \end{aligned} \tag{3.13}$$

と変形する．ここで，クラフトの不等式から

$$Q(\bm{x}) \equiv \frac{2^{-l(\bm{x})}}{\sum_{\bm{x}} 2^{-l(\bm{x})}} \geq 2^{-l(\bm{x})} \tag{3.14}$$

が成立することに着目する．$Q(\bm{x})$ は重み $2^{-l(\bm{x})}$ を規格化することで得られる分布を意味している．これを (3.13) に代入すると不等式

$$L(l) \geq H(X) + \sum_{\bm{x}} P(\bm{x}) \log_2 \frac{P(\bm{x})}{Q(\bm{x})} \geq H(X) \tag{3.15}$$

が得られる．なぜなら，しばしばカルバック–ライブラー (KL) ダイバージェンスと呼ばれる二つの分布 $P(\boldsymbol{x}), Q(\boldsymbol{x})$ に関する汎関数

$$\mathrm{KL}(P|Q) = \sum_{\boldsymbol{x}} P(\boldsymbol{x}) \log_2 \frac{P(\boldsymbol{x})}{Q(\boldsymbol{x})} \tag{3.16}$$

は非負であり，$Q(\boldsymbol{x}) = P(\boldsymbol{x})$ となるときのみゼロとなるからである．

(3.13) は $P(\boldsymbol{x})$ によって出現する事象を符号化する際の平均符号長は $P(\boldsymbol{x})$ のエントロピーより小さくすることができないことを示している．加えて，証明は省略するが，平均符号長をエントロピーに 1 ビット加えた長さ以下までにはできる，すなわち，最適化された符号については

$$H(X) + 1 \geq L(l) \geq H(X) \tag{3.17}$$

となることも導くことができる．

(3.17) で大きさ 1 の幅が出るのは $l(\boldsymbol{x})$ が離散的な値しかとれないからである．この "粗さ" を目立たなくするためには $\boldsymbol{x}$ 単位ではなく $P(\boldsymbol{x})$ から生じる k 個の独立事象 $\boldsymbol{x}_1, \boldsymbol{x}_2, \cdots, \boldsymbol{x}_k$ をまとめた k 次拡大情報源 $P(\boldsymbol{x}^{(k)}) = P(\boldsymbol{x}_1)P(\boldsymbol{x}_2)\cdots P(\boldsymbol{x}_k)$ を符号化するようにすればよい．このとき上と同様の議論を繰り返すと

$$kH(X) + 1 \geq L(l^{(k)}) \geq kH(X) \tag{3.18}$$

が得られる．ただし，$l^{(k)}(\boldsymbol{x}^{(k)})$ は k 次拡大情報源 $P(\boldsymbol{x}^{(k)})$ に対する符号長である．よって，1 事象当たりに換算しなおせば

$$H(X) + \frac{1}{k} \geq \frac{1}{k} L(l^{(k)}) \geq H(X) \tag{3.19}$$

となり，$k \to \infty$ の極限で最適化された 1 事象当たりの平均符号長はエントロピーに漸近することがわかる．

ここでは情報源 $P(\boldsymbol{x})$ が既知であると考えていた．上に述べた結果は，各事象の符号長 $l(\boldsymbol{x})$ をなるべく $-\log_2 P(\boldsymbol{x})$ に近くなるように割り当てれば一意復号可能かつ平均符号長の短い符号が設計できること，ならびに，KL ダイバージェンスは得られる平均符号長のエントロピーからのずれの目安を与えること，

を意味している．ただし，実問題では必ずしも $P(x)$ は既知ではない．その際には $P(x)$ を推定する必要が生じるが，その推定精度が平均符号長に影響する．この考察を進めると，AIC とは別のモデル選択規準 MDL が導かれる．その解説は本編 1 章に委ねたい．

3.1.3　何が似ていて何が違っているのか

　統計力学，情報理論の両分野でエントロピーがどのように登場するのか，さわりの部分を振り返ってみた．本質的に同じものを表す量が出てくるのだから両分野で似たところがあるのは当然だが異なるところも多い．

　まず，似ているのは両分野とも高次元の確率分布を対象とするところである．統計力学はもともと気体などのたくさんの要素からなるシステムを暗に想定している．また，情報理論でも k 次拡大情報源を考えることで最終的に高次元の分布に目を向ける．両分野において多数の自由度を含む高次元の分布の性質がエントロピーや自由エネルギーのような高々数個の巨視的な状態量によって特徴づけられるのも高次元の極限を考えるからである．

　では，違うところはどこか．形式的な違いとしては，カノニカル分布の導出が与えられた Q に対し KL ダイバージェンス $KL(P|Q)$ を最小化する P を求めるタイプの問題であるのに対して，符号化の問題では P, Q の役割が逆転しているということが挙げられる．けれども，最も注目すべき相違点は高次元化する際の極限のとり方である．ここで述べた k 次拡大の方法に限らず，情報理論における高次元の極限は主に低次元の確率分布からの独立同一分布抽出に基づいている．これは低次元の確率分布 $P(x)$ を固定したまま高次元分布 $P(x^{(k)}) = P(x_1)P(x_2)\cdots P(x_k)$ を構成し $k \to \infty$ とする極限である．一方，次節に示すように統計力学で主に考察するのは着目する分布 $P(S)$ における変数 S の次元自体を無限大とする極限である．こういった極限では独立同一分布抽出では生じない S の成分間の依存関係を含みうる．

　実際，気体のモデル (3.1) における分子間相互作用 $V(|q_i - q_j|)$ から生じる依存関係は独立同一分布抽出の形では表現することができない．実のところ，こうした相互作用の存在こそが量の増加により質的変化が引き起こされる More is different の根源であり，次節に示すように，統計力学はそうした現象を扱う

ための技術の開発に力を注いできたのであった．現時点で統計力学が情報理論をはじめとする情報科学において"新規性のある方法"と映る理由をつきつめると，結局のところ，両分野において主に考察されてきたこの極限の違いにつながることが多い[4]．

3.2 モノにおける More is different

3.2.1 強磁性体の相転移

統計力学で考察される（相互作用のある）多体問題の典型例として，強磁性体（磁石）の相転移モデルを紹介する．

磁石は原子レベルのミクロな磁石の集合体である．ミクロな磁石のことを以下，「スピン」と呼ぶ．スピンがたくさん集まっても，それぞれがでたらめな方向を向いていたら全体に磁石としての性質を打ち消しあってマクロレベルで我々が観測できる強い磁力は生じない．強磁性体が磁石とみなせるくらいの強い磁力をもつためには各スピンが平均的にある方向を向いている必要がある．この向きの揃い具合を表す量を磁化という．

強磁性体はもともと各スピンが互いに同じ方向を向きたがるという性質を備えている．そのため放っておけば磁石になりそうなものだが，現実には熱などの影響により各スピンの向きは乱され向きが揃うとは限らない．大雑把にいえば，キュリー温度と呼ばれる臨界温度 T_c 以上では熱的な乱れの効果が勝り磁化はゼロとみなしてよいが温度が T_c 以下になると向きが自発的に揃いはじめマクロな自発磁化が現れる．興味深いのは，この変化が温度に対して連続的に生じるのではなく図 3.1 に示すように $T = T_c$ で特異性を示すことである．この特異性が強磁性相転移の特徴であり，統計力学ではその起源の数理的解明に大きな関心が寄せられている．

---

[4] 筆者は，統計数理研究所の伊庭幸人氏から，統計力学と情報理論の差異は分布の高次元極限を考えるか否かにあるのではなく，相互作用の存在する問題への取り組み方にあるので統計力学の情報科学における新規性は More is different ではなく「塊（かたまり）is different」と表現すべき，といわれたことがある．

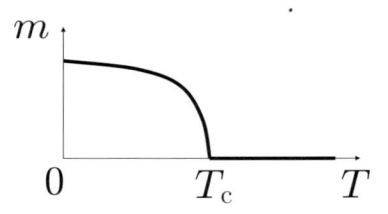

図 3.1 強磁性体における自発磁化を温度 T の関数として表した概念図．キュリー温度 $T = T_c$ で特異的な振る舞いを示す．

3.2.2 伏見–テンパリー模型

相転移現象のモデルは研究の目的に応じて様々なレベルのものが提案されているが，ここでは「できるだけ簡単な仕組みで理解する」ことを目的とした場合にしばしば取り上げられる数理模型を紹介する．この模型は様々な名前で呼ばれるが，ここでは伏見–テンパリー模型と呼ぶことにする[5]．

伏見–テンパリー模型では，向きが揃うか揃わないかという現象にのみ着眼するため，スピンを3次元のベクトル量ではなく向きを上下2方向に制限したイジングスピン $S_i \in \{+1, -1\}$ $(i = 1, 2, \cdots, N)$ によって表現する．N はスピンの数である．各スピンが互いに同じ向きを向きたがるという性質はエネルギー関数を

$$\mathcal{H}(\boldsymbol{S}) = -\frac{J}{N} \sum_{i>j} S_i S_j \tag{3.20}$$

のように定めることで表現できる．ただし，スピンが同じ向きを向いたときにエネルギーの値が小さくなるように $J > 0$ としておく．

熱平衡状態の性質を調べるため，前節で述べたようにカノニカル分布 (3.7) を仮定しよう．自発磁化が生じるか否かという強磁性体相転移の問題を考察する際には，カノニカル分布に対してスピンの向きの揃い具合を表す

$$m = \frac{1}{N} \sum_{i=1}^{N} \langle S_i \rangle \tag{3.21}$$

を評価すればよい．これが磁化である．$m = 0$ は自発磁化のない状態，$m \neq 0$

---

[5] ほかにもワイス模型，キュリー–ワイス模型などと呼ばれる場合もある．

は自発磁化の生じた状態にそれぞれ対応する．ただし，$\langle\cdots\rangle$ はカノニカル分布 (3.7) に関する平均である．

3.2.3 有限系での解析：対称性による制約

More is different という観点からこの模型を考察するため，まずは more と対比すべき fewer の状況である $N=2$ の場合を考えてみる．$N=2$ の場合のエネルギー関数は $\mathcal{H}(\boldsymbol{S}) = -(J/2)S_1 S_2$ である．S_1, S_2 の期待値を具体的に計算してみると以下のようになる．

$$\langle S_1 \rangle = \frac{+1 \times e^{\beta J/2} + 1 \times e^{-\beta J/2} - 1 \times e^{-\beta J/2} - 1 \times e^{\beta J/2}}{e^{\beta J/2} + e^{-\beta J/2} + e^{-\beta J/2} + e^{\beta J/2}} = 0 \quad (3.22)$$

$$\langle S_2 \rangle = \frac{+1 \times e^{\beta J/2} - 1 \times e^{-\beta J/2} + 1 \times e^{-\beta J/2} - 1 \times e^{\beta J/2}}{e^{\beta J/2} + e^{-\beta J/2} + e^{-\beta J/2} + e^{\beta J/2}} = 0 \quad (3.23)$$

(3.22), (3.23) の分子あるいは分母における和はいずれも $(S_1, S_2) = (+1, +1)$, $(+1, -1)$, $(-1, +1)$, $(-1, -1)$ の順で計算している．

相互作用係数 J が正である伏見–テンパリー模型ではもともと二つのスピンが同じ向きに揃いたがるような性質を備えている．そのため，直感的には二つのスピンが揃って自発磁化が生じてもよさそうなのだが，実際には (3.22), (3.23) が示すように有限の温度に対応する $0 < \beta < \infty$ に対していつでも磁化がゼロになってしまうのである．これは $N=2$ の場合の特殊な性質なのだろうか？そうではない．実は，スピンの数を 10 にしようが，10000 にしようが N が有限である限り伏見–テンパリー模型では自発磁化は生じないことが簡単に証明できるのである．伏見–テンパリー模型に備わる「対称性」がその鍵となる．

スピン変数の 2 次式で与えられるエネルギー関数 (3.20) はスピンの並び $\boldsymbol{S}$ を一斉に反対向きにする変換 $\boldsymbol{S} \to -\boldsymbol{S}$ を施しても値を変えない．なぜなら

$$\mathcal{H}(\boldsymbol{S}) = -\frac{J}{N}\sum_{i>j} S_i S_j = -\frac{J}{N}\sum_{i>j}(-S_i)(-S_j) = \mathcal{H}(-\boldsymbol{S}) \quad (3.24)$$

だからである．このようにある変換を施してもシステムを特徴づける量や関数が不変に保たれる性質を一般に対称性と呼ぶ．伏見–テンパリー模型に備わる (3.24) のような対称性は Z_2 対称性と呼ばれている．

(3.24) はすべてのスピンの並び S とそれを真反対にした並び $-S$ はカノニカル分布 (3.7) から必ず同じ割合で生成されることを意味している．そのため，S の平均を評価すると，すべての並びはその真反対の並びとキャンセルされ必ず平均はゼロになってしまうのである．この性質はエネルギー関数の詳細にはよらない．伏見–テンパリー模型はすべてのスピンが他のスピンと一様に相互作用する模型であるが，実際の物質では相互作用するスピンの範囲は事実上その近傍に限られている．そのような場合にもエネルギー関数が Z_2 対称性を有している限り S と $-S$ が同じ割合で生成されることは同じなのでまったく同様の議論から有限の N に対して自発磁化が生じないことが帰結される．

対称性はそれを有するシステムに様々な制約を課す．ここでは Z_2 対称性に目を向けることで有限系において自発磁化が生じないこと示したが，システムが別の対称性を有する場合にはそれに応じた量についてシステムの詳細に立ち入ることなしに強い結論が得られる．面倒な計算を伴うことなしに強い結論を得ることのできる対称性に基づく解析は複雑なシステムを研究する際の強力な武器として物理学における多くの場面で利用されている．

3.2.4 無限系での解析：自発的対称性の破れ

N が有限である限り伏見–テンパリー模型は自発磁化を生じない，すなわち，磁石になれないことが証明されてしまった．けれども N が無限に大きくなれば事情が変わって磁石になることができる，というのがこれから示したいことである．

そのために少し細工をする．Z_2 対称性があると上向きと下向きの状態が打ち消しあってしまうので磁化が生じない．そこで外から微弱な磁場（外場）を加えて全体としてスピンが上向きあるいは下向きに向きやすくする．具体的にはエネルギー関数を

$$\mathcal{H}(\boldsymbol{S}) = -\frac{J}{N}\sum_{i>j} S_i S_j - \epsilon \sum_{i=1}^{N} S_i \qquad (3.25)$$

のように修正する．ただし，このままでは問題が変わってしまうので外場の強さを

$$\epsilon \sim N^{-\gamma} \tag{3.26}$$

($\gamma > 0$) のようにコントロールして $N \to \infty$ では外場の大きさは無限小になるようにしておく．磁性体の実験でははじめに外場を掛けてスピンの方向を揃えておくということはしばしば行われるし，自然界は決して「無菌室」ではなく様々な外乱にさらされるのが普通なのでこのくらいの摂動を考えるほうがむしろ当然なのである．

ここで先ほどとは少しやり方を変えて一つのスピンの平均値を求めるのではなく，磁化に対応するマクロな変数 $m = (1/N) \sum_{i=1}^{N} S_i$ が従う確率分布 $P(m)$ をカノニカル分布 (3.7) から求めることにしよう．m を用いると定数のずれを無視してエネルギー関数 (3.25) が

$$\mathcal{H}(\boldsymbol{S}) \simeq -\frac{NJ}{2}m^2 - N\epsilon m \tag{3.27}$$

と表現できること，また，マクロ変数が m という値をとる $\boldsymbol{S}$ の個数は組合せの議論から

$$\frac{N!}{N\left(\frac{1+m}{2}\right)!N\left(\frac{1-m}{2}\right)!} \simeq \exp\left[N\left(-\frac{1+m}{2}\ln\frac{1+m}{2} - \frac{1-m}{2}\ln\frac{1-m}{2}\right)\right] \tag{3.28}$$

となることに注意する．ただし，(3.28) では大きな N について成り立つスターリングの公式 $\ln N! \simeq N\ln N - N$ を使った．これらから，求めたい確率分布は

$$P(m) \simeq \frac{1}{Z(\beta)}\exp\left[N\left(\frac{\beta J}{2}m^2 + \beta\epsilon m - \frac{1+m}{2}\ln\frac{1+m}{2} - \frac{1-m}{2}\ln\frac{1-m}{2}\right)\right] \tag{3.29}$$

と表現されることがわかる．

この確率分布の注目すべき特徴は分布の形が $\exp[N(\cdots)]$ のようにスピンの数 N について指数関数的になっていることである．このことは N を大きくするにつれて分布の形状が最大値をとる値 m_* の付近に集中していき $N \to \infty$ の極限では $m = m_*$ に位置するデルタ関数（最大値が複数ある場合はそれぞれに対応する複数のデルタ関数の和）に収束することを意味している．m_* は

$$f(m) = -\frac{J}{2}m^2 - \epsilon m + \frac{1+m}{2\beta}\ln\frac{1+m}{2} + \frac{1-m}{2\beta}\ln\frac{1-m}{2} \tag{3.30}$$

を最小にする値から求まる.

　ここからは話が少々デリケートになる. まず, (3.26) のように $N \to \infty$ では $\epsilon \to 0$ なので m_* の位置は (3.30) において $\epsilon = 0$ として決めればよい. すると, m_* は極値条件

$$m = \tanh(\beta J m) \tag{3.31}$$

の解であることがわかる. この方程式を解くと, $\epsilon = 0$ を代入した $f(m)$ を最小化する値は逆温度 β の値に応じて以下のように場合分けされることがわかる.

$$m_* = \begin{cases} 0, & \beta < \beta_c \\ \pm M \neq 0, & \beta > \beta_c \end{cases} \tag{3.32}$$

ここで M は方程式 (3.31) の非ゼロ解のうちの正のもの, また, $\beta_c = J^{-1}$ とした. このことは低温に対応する $\beta > \beta_c$ に応じて有限の値をもつ自発磁化が発生しうることを意味している. ただし, どのような自発磁化が得られるかは m_* の位置を決める際に無視した無限小外場 ϵ の振る舞いに委ねられる. これは $\beta > \beta_c$ のとき $N \to \infty$ において $P(m)$ がどのような分布に収束するか, という形で最も簡潔に表現することができる. 結果は以下の通りである.

$$P(m) \to \begin{cases} \delta(m - \text{sign}(\epsilon)M), & 0 < \gamma < 1 \\ p\delta(m - M) + (1-p)\delta(m + M), & \gamma = 1 \\ \frac{1}{2}\delta(m - M) + \frac{1}{2}\delta(m + M), & \gamma > 1 \end{cases} \tag{3.33}$$

つまり, 無限小外場 ϵ のゼロへの収束の仕方によって, それぞれ $\pm M$ のうちのどちらかの位置での単一のデルタ関数, $\pm M$ におけるデルタ関数のある混合比 $0 < p < 1$ ($\epsilon = AN^{-1}$ としたときの係数 A で決まる) での混合, $\pm M$ におけるデルタ関数の同じ割合での混合ということになる. 得られた分布を使って m の平均を評価することにより, $N \to \infty$ で, かつ, ある程度大きな無限小摂動を意味する $0 < \gamma \leq 1$ の場合には低温相 $\beta > \beta_c$ で $-M \sim M$ の間の何らかの値をとる有限の磁化が生じ (つまり Z_2 対称性が自発的に破れて) 伏見–テンパリー模型は磁石になることが示される (図 3.2). 有限では生じないことが無限にすると生じる. つまり, More is different である.

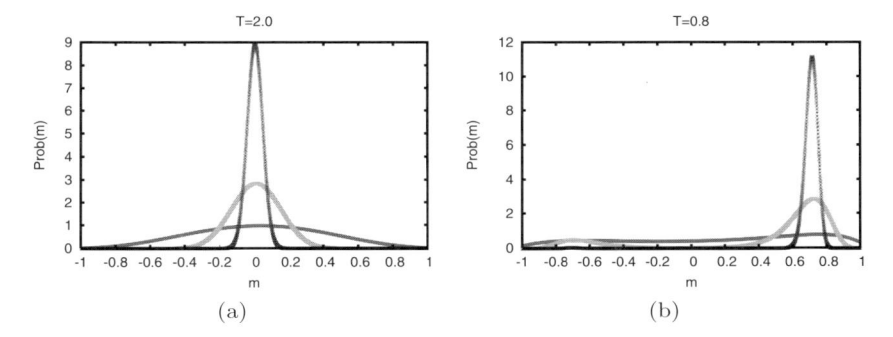

図 3.2 伏見–テンパリー模型が示す相転移．$N = 10, 100, 1000$ に対する $P(m)$ を描いている．無限小外場を $\epsilon = 0.1 N^{-1/2}$ とした場合．$\beta = T^{-1}$ となるように規格化するとキュリー温度は $T = J$ で与えられる．(a): $T = 2.0J$ の場合には N を増加させると磁化の分布は $m = 0$ でのデルタ関数に収束する．(b): $T = 0.8J$ の場合には N を増加させると磁化の分布は $m = M \neq 0$ でのデルタ関数に収束し，自発磁化 M が生じる．

3.2.5 解析を振り返って

(3.33) の振る舞いについては，確率分布 (3.7) のフィッシャー情報行列の固有値が発散することに起因していること，ここで示したような外場を加えておいてから無限小にするといった素朴な方法ではなくもっと数学的にキッチリとした表現方法があること，はじめに ϵ をゼロとおいて解を決めその後に ϵ の影響を取り込むことはある種の摂動計算の最も簡単な形であることなど様々なことにつながるのだが，ここではそういったことは省略しモノの見方という観点から我々の解析を振り返ってみよう．

まず，このモデルにおける実質的な基礎法則の変化に目を向けよう．有限の N に対して状態変数 S を支配するものはカノニカル分布 (3.7) であった．これは高次元の確率分布であり，そこから平均値を評価するのは N の増加とともに計算量的に難しくなる．このことはミクロな階層に視点を留めたまま要素数を増やしていくと徐々に手に負えなくなることに対応している．ところがマクロな変数 $m = (1/N) \sum_{i=1}^{N} S_i$ に目を向けると $N \to \infty$ では 1 変数の非線形方程式 (3.31) を解くだけで話は済んでしまった．ミクロからマクロに視点を移すことで，基本法則が実質的に (3.30) の最小化という単純な形に変化し物事を単純

に捉えることができるようになったのである．

　もちろん，これはヤラセである．現実を反映した磁性体の模型ではエネルギー関数が (3.27) のように一つのマクロな変数によって表現できることはなく上で示したような解析を実行することは例外的な場合を除いて無理である．しかしながら，磁性体の相転移という広く観測される実験事実と伏見–テンパリー模型のような例が一つでもあればミクロに見ればたくさんあって計算量的に手に負えないような問題であっても数個のマクロな変数に着目すればそれらの間の関係式として理解できる可能性を期待するようになる．少なくとも近似的にそういったことを試してみようという気にはなってくる．これは物理学において多体問題を扱う際の常套手段となっている平均場近似の態度に通じる．また，すべての状況においてミクロな視点からマクロレベルの法則を導き出すのは難しい．ところが，キュリー温度のような臨界的な状況の付近ではミクロな構成要素の詳細にはよらず空間の次元など自然を構成する最も基本的な数量によってマクロな変数間に普遍的な関係が成立することが実験的に知られている．こういった普遍性はミクロな構成要素がたくさんになった際に現れる性質であり，やはり More is different の帰結である．このような普遍性への着眼は手計算での評価が難しい複雑なシステムの解析に有効であると考えられるが，その場合に有力な接近法となるのがマルコフ連鎖モンテカルロ法などの数値計算である．ただし，計算機で扱えるのは有限のシステムに限られるので有限系での結果から無限系で成立する関係式を外挿的に導く方法が必要になる．統計力学においてこのような目的をかなえる方法論は（有限サイズ）スケーリング理論として知られている．

　相互作用の存在する多体問題を完全に解くことは一般に難しい．そういった場合には，自然から推察される振る舞いをヒントにして解析的に手に負える，伏見–テンパリー模型のような，特殊なモデルを構成し，そこから得られた知見を摂動計算や数値な方法を併用しながら一般のシステムへと広げていく．長年にわたる格闘の末，統計力学はこうした接近法を多体問題を攻略するための王道的戦略として確立したのであった．

　残念ながら，情報科学では一般に"自然から推察される振る舞いをヒントに"することができない．けれども，計算機性能の向上や価格の低廉化に伴い，最

近では"計算機実験から推察される振る舞いをヒントに"することができるようになってきた．こうした理論を取り巻く状況の変化もコトの科学における統計力学的接近法の広まりを後押ししているのである．

3.3 コトにおける More is different

3.3.1 CDMA マルチユーザ復調問題

コトの科学における統計力学的接近法の有用性を示す例として CDMA 通信に関する性能解析を紹介する．詳細は，Tanaka (2000)[10]，田中 (2006)[11] などを参照していただきたい．

第三世代の携帯電話サービスや無線 LAN の規格に採用されている符号分割多重接続（Code Division Multiple Access: 以下，CDMA）は複数の端末と単一の基地局の間の無線通信を実現する方法の一つである．K 人のユーザが各々のビット情報 $b_k \in \{+1, -1\}$ $(k = 1, 2, \cdots, K)$ を同期して一斉に基地局に送信する状況を想定する．簡単のため各ユーザからの信号の強度は一定とする．b_k はある決められた周期 T の間 $+1$ あるいは -1 の値をとる信号として表現される．ただし，電波は重なり合って受信されるためこれをそのまま送信すると基地局はそれぞれのユーザがどのような情報を送ったのか復元できなくなる．そこで，重なり合った電波からも複数ユーザの情報が復元できるようにあらかじめ何らかの工夫を施しておく必要がある．

CDMA 通信で採用されている工夫は「ランダム系列による変調」である．情報周期 T の間を等間隔に N 個の区間に区切る．基地局は，各ユーザ k との通信を開始する際，N 個の区間それぞれに $+1, -1$ をランダムに割り振った系列 $\boldsymbol{s}_k = (s_{\mu k}) = \{+1, -1\}^N$ を割り当てユーザと共有しておく．ユーザは自らの情報 b_k を送信する代わりに $\boldsymbol{s}_k b_k$ を送信する．現実には様々なノイズの影響も考慮する必要があるが，ここでは簡単のため平均 0, 分散 σ_0^2 の相加的ガウス通信路でこれをモデル化することにしよう．K 人のユーザが一斉に情報を送信する状況では，これにより一つの情報周期 T の間に b_k $(k = 1, 2, \cdots, K)$ が混ざり合った N 個の信号

$$r_\mu = \frac{1}{\sqrt{N}} \sum_{k=1}^{K} s_{\mu k} b_k + \sigma_0 \eta_\mu \quad (\mu = 1, 2, \cdots, N) \tag{3.34}$$

が基地局で受信される．ただし，$N^{-1/2}$ は単位情報周期当たりに費やす電力を 1 とするために導入した規格化定数であり，η_μ は μ ごとに独立な標準正規乱数 $\eta_\mu \sim \mathcal{N}(0,1)$ である．

変調を行ったお陰でそのままの信号を送る場合と比較して情報を復元する際に必要な手がかり（データ）の数が 1 から N へ増えている．これにより複数のユーザが同時に情報を送信したとしても N 個の受信信号 $\boldsymbol{r} = (r_\mu)$ と系列 $\{\boldsymbol{s}_k\}$ の情報を用いて (3.34) から統計的な推定を行うことによりビット情報 $\boldsymbol{b} = (b_k)$ の復元が可能になるのである．この作業を「復調」と呼ぶ．

CDMA は実用化されている技術であり既に実用に適う復調方式が提案され利用されている．しかしながら，それはビット情報の推定という観点から見て最適な方法ではない．ここでは，学術的な観点から最適な復調方式について考える．通信量の飛躍的増加が今後も見込まれる以上，さらに良い技術を求めることは実用面からも大切なことだからである．

3.3.2 有限系での解析

最適な方法を考える際には最適化したい目的関数を明確にしておく必要がある．CDMA 通信の際に自然な目的関数は各ユーザごとに送信した情報 b_k^0 と復調の結果得られる推定値 $\hat{b}_k$ とが食い違っている割合を表すビット誤り率

$$P_b = \frac{1}{K} \sum_{k=1}^{K} \mathrm{Prob}(\hat{b}_k \neq b_k^0) \tag{3.35}$$

であろう．コトの科学の基礎理論の一つであるベイズ決定理論に従うと，ビット誤り率を最小にするための最適な復調法は以下の周辺事後確率最大化推定法 (Maximizer of Posterior Marginals: MPM) であることが示される．

$$\hat{b}_k = \operatorname*{argmax}_{b_k \in \{+1,-1\}} \{P(b_k|\boldsymbol{r}, \{\boldsymbol{s}_k\})\} = \operatorname*{argmax}_{b_k \in \{+1,-1\}} \left\{ \sum_{\boldsymbol{b}\setminus b_k} P(\boldsymbol{b}|\boldsymbol{r}, \{\boldsymbol{s}_k\}) \right\} \tag{3.36}$$

ただし，$P(\boldsymbol{b}|\boldsymbol{r}, \{\boldsymbol{s}_k\})$ は受信信号 $\boldsymbol{r}$ ならびに系列の組 $\{\boldsymbol{s}_k\}$ から定まる全ユー

ザの情報 b に関する事後確率であり，相加的ガウス通信路ならびに b が長さ K のビット列から一様に生成されることを仮定すると

$$P(b|r,\{s_k\}) = \frac{P(r|b,\{s_k\})P(b)}{\sum_b P(r|b,\{s_k\})P(b)}$$
$$= \frac{1}{Z}\exp\left[-\frac{1}{2\sigma^2}\sum_{\mu=1}^N (r_\mu - \frac{1}{\sqrt{N}}\sum_{k=1}^K s_{\mu k}b_k)^2\right] \quad (3.37)$$

で与えられる．$\sum_{b\setminus b_k}$ は b のうち b_k 以外の変数で和をとることを意味する．また，$Z = \sum_b \exp\left[-\frac{1}{2\sigma^2}\sum_{\mu=1}^N(r_\mu - \frac{1}{\sqrt{N}}\sum_{k=1}^K s_{\mu k}b_k)^2\right]$ であり，ノイズの大きさが真の値と食い違っている可能性を考慮し基地局側で用いるパラメータを σ^2 とした．このような復調は全ユーザの系列 $\{s_k\}$ についての知識が必要になるため「マルチユーザ復調」と呼ばれる．

ベイズ決定理論は (3.36) に従う復調方式はユーザ情報の生成確率ならびに通信路モデルに関する仮定が正しければ他のどの方式よりもビット誤り率の観点で優れていることを保証する．しかし残念ながら，「どれだけ良いか」は具体的に性能評価してみなければわからない．もしかすると現在採用されている方法よりも 100 倍良いかもしれないし，実際にはそれほど大差はないのかもしれない．性能評価を行うためには，事後分布 (3.37) に基づきビット誤り率を定量的に評価してみなければならない．しかしながら，事後分布は多数のビットが複雑に絡み合った分布である．これは大変面倒な作業である．

3.3.3 無限系での解析

けれども我々は既に More is different を知っている．有限のシステムでは手に負えないような状況でも無限の極限をマクロな視点から見直せば数理的に単純な構造が現れすっきりと物事を理解できる場合のあること知っているのである．実際のところ，CDMA の問題はランダムに定まる系列 $\{s_k\}$ やガウス通信路で付加されるノイズの影響をどのように処理するかという問題も含んでいるため伏見–テンパリー模型よりも一段難しい．しかしながら，結果的には先ほどと同様のことができる．すなわち有限系での基本法則を表す事後分布 (3.37) から無限系での振る舞いを決定する (3.31) に相当する連立方程式

$$\hat{m} = \frac{1}{\sigma^2 + \beta(1-q)}, \quad \hat{q} = \frac{\beta(1-2m+q) + \sigma_0^2}{[\sigma^2 + \beta(1-q)]^2} \tag{3.38}$$

$$m = \int \frac{dz e^{-z^2/2}}{\sqrt{2\pi}} \tanh\left(\sqrt{\hat{q}}z + \hat{m}\right), \quad q = \int \frac{dz e^{-z^2/2}}{\sqrt{2\pi}} \tanh^2\left(\sqrt{\hat{q}}z + \hat{m}\right) \tag{3.39}$$

が導かれる．ただし，$\beta = K/N$ は負荷と呼ばれるパラメータである[6]．ビット誤り率はこの方程式の解を用いて

$$P_b = \int_{\hat{m}/\sqrt{\hat{q}}} \frac{dz e^{-z^2/2}}{\sqrt{2\pi}} \tag{3.40}$$

で与えられる．

　これで性能評価の問題は解決したのだがコトの問題はそれだけではすまない．モノの問題ではどれだけ大自由度の確率分布であろうが放っておけば自然が勝手に「計算し」マクロな振る舞いを実現してくれる．しかしながらコトの問題ではヒトが実際に計算できなければ，潜在的にこんなことができる，といくらいってもそれは絵に描いた餅でしかない．コトの問題は難しいのである．しかしながら，こういった計算量的な難しさに関わる問題にも More is different は役立つ．CDMA の復調問題ではこの視点を活用することでユーザ数 K と系列の長さ N の積に比例する程度の計算量で近似的に MPM 復調を行うアルゴリズムを構成することができる (Kabashima (2003)[4])．しかも，このアルゴリズムによって得られる近似解はシステムサイズが大きくなればなるほど真の解に漸近することが期待されるのである．図 3.3 は連立方程式 (3.38), (3.39) から得られるビット誤り率 (3.40) と $N = 2048$ の場合の近似的復調アルゴリズムによる実験結果との比較を示している．ここには示していないが，これらは大規模なモンテカルロ法による結果ともよく一致しており，CDMA システムの数理的な仕組みを理解する上で有益な知見を提供する．

おわりに

　モノの科学とコトの科学の大きな違いは，自然という客観的な存在に寄り掛

---
[6] 温度の逆数ではない．

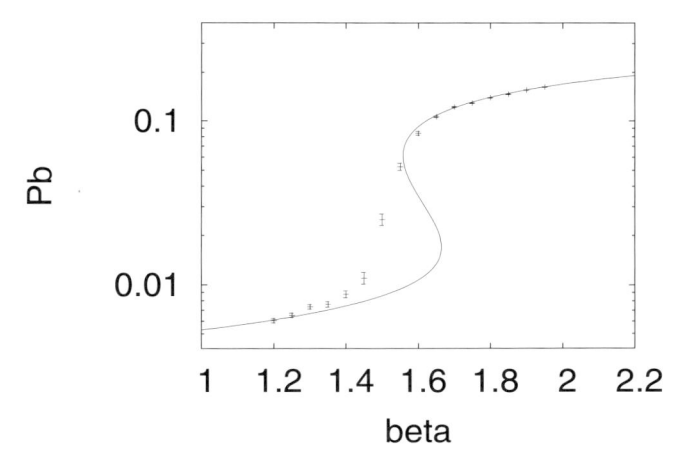

図 3.3 $\sigma = \sigma_0 = 0.37$ に対する CDMA マルチユーザ復調の性能評価．曲線は $N \to \infty$ の極限で得られる性能の理論値．マーカーは近似的復調アルゴリズムを用いて $N = 2048$ のシステムに対する 500 回の実験から得られた実験的評価値．

かることができるか否か，という点にある．この違いが現時点での両分野における研究の進め方に大きく影響している．

　放っておけば自然が勝手に現象を提示してくれるモノの科学とは異なり，人工物を相手にするコトの科学では容易に正解を知ることができない．そのため，従来，コトの理論がモノの理論と比較してより慎重に議論を進める傾向が強かったのは当然である．

　けれども，計算機や情報通信網の発達に伴いコトの科学でも実験的な方法により正解を得ることが可能になってきた．また，本章で述べた CDMA 通信など情報通信の問題に限らず，生命データの解析，検索やデータマイニング，ネットワーク科学など独立同一分布的な高次元極限の考察では対処の難しいコトの問題が急増している．モノの研究を通して確立された多体問題に対する統計力学的接近法は今後こうしたコトの多体問題に対してもますます広まっていくであろう．

参考文献

[1] P.W. Anderson, More Is Different — Broken symmetry and the nature of the hierarchical structure of science, *Science*, Vo.177, pp.393–396, 1972.

[2] 原島鮮，熱力学・統計力学（改訂版），培風館，1978.

[3] 平澤茂一，情報理論入門，培風館，2000.

[4] Y. Kabashima, A CDMA multiuser detection algorithm on the basis of belief propagation, *J. Phys.*, A, Vol.36, pp.11111–11121, 2003.

[5] Y. Kabashima, Tutorial on Brain-Inspired Computing Part 5: Statistical Mechanics of Communication and Computation, *New Generation Computing*, Vol.24, pp.403–420, 2006.

[6] 久保亮五，統計力学（改訂版），共立出版，1971.

[7] R. Monasson, R. Zecchina, S. Kirkpatrick, B. Selman and L. Troyansky, Determining computational complexity from characteristic 'phase transitions', *Nature*, Vol.400, pp.133–137, 1999.

[8] 西森秀稔，スピングラス理論と情報統計力学，岩波書店，1999.

[9] C.E. Shannon, A Mathematical Theory of Communication, *The Bell System Technical Journal*, Vol.27, pp.379–423; 623–656, 1948.

[10] T. Tanaka, A statistical-mechanics approach to large-system analysis of CDMA multiuser detectors, *IEEE Trans. Inform. Theory*, Vol.48, pp.2888–2910, 2002.

[11] 田中利幸，臨時別冊・数理科学「確率的情報処理と統計力学－様々なアプローチとそのチュートリアル」（田中和之編著，SGCライブラリ50），pp.37–43，サイエンス社，2006.

4. モデル選択とブートストラップ

▶下平英寿

はじめに

　AICに関わる二つの話題をとりあげる．前半の話題はAICの一般化である．AICの導出ではモデルのパラメータを最尤推定することが前提となっているが，この制約を取り除いてもAICの考え方は適用可能であり，予測分布の観点から比較的最近の結果を紹介する．このようなAIC規準を導出する研究はその根幹となる部分はほぼ解明されて，現在はそれが関連する問題へ展開されている状況である．後半の話題はモデル選択の信頼性評価である．AICはかなりバラツキの大きな統計量であり，応用上深刻な問題になることがある．そこでAIC最小モデルを選ぶだけでなく，その選択の信頼度をブートストラップ法で計算する方法を紹介する．これは仮説検定 v.s. AIC，頻度論 v.s. ベイズなど長年にわたって議論が続く問題に関連している．応用課題の強い要請によって統計科学は広く利用されているにもかかわらず，このような推論原理の基本的な問題が十分に解決されたとは言いがたい状況であり，そこに将来の研究の可能性がある．前半についての詳しい説明は小西・北川 (2004)[15]，前半と後半を通して具体例による説明は下平 (2004)[25] を参照されたい．

4.1 情報量規準とその発展

4.1.1 赤池情報量規準によるモデル選択

赤池の情報量規準は

$$\mathrm{AIC}(\mathcal{X}) = -2\ell(\hat{\theta}(\mathcal{X}); \mathcal{X}) + 2m$$

で表現される (Akaike (1974)[1], 赤池 (1976, 1979, 1981)[2〜4]). ここで $\mathcal{X} = \{x_1, \cdots, x_n\}$ はサイズ n のデータ, $\hat{\theta}(\mathcal{X})$ は確率モデルのパラメータ θ の推定量, m は θ の次元, すなわちモデルのパラメータ数, そして $\ell(\theta; \mathcal{X}) = \sum_{i=1}^{n} \log p(x_i; \theta)$ は対数尤度である. 確率モデルは

$$M = \{p(x; \theta), \quad \theta \in \Theta\}$$

の形式で指定され, これが真の確率分布 $q(x)$ からどれだけ違いがあるかを定量的に測定したものが AIC である. もし $M_k = \{p_k(x; \theta_k)\}, k = 1, \cdots, K$ のように K 個のモデルの候補がある場合, 各モデルの $\mathrm{AIC}_k(\mathcal{X})$ を計算して, それが最小になる M_k を選ぶのがモデル選択である.

誤解を恐れずにあえて述べると, AIC というのはたったこれだけのことである. モデルのデータへの当てはまりを表す対数尤度の項 -2ℓ は複雑なモデルを使うほど小さくなるので, モデルの複雑さを表すパラメータ数の項 $2m$ を加えてバランスをとるという考え方も, 今となってはごく自然に思える. AIC の思想的および数理的背景や独創性, その広範な応用をおそらく知らない学生に講義するとき, 単純すぎて AIC に興味をもってもらえないのではないかとさえ感じる. しかし, 複雑な手法は結局普及せず, 単純なものが生き残る. 統計科学の発展において AIC の果たした役割は大きく, 最尤法や後ほど述べるブートストラップ法と同様に, 単純でありながら極めて重要な概念と有用な手法を提供する.

AIC の意味をもう少し正確に述べておこう. まず確率分布 $p(x)$ が $q(x)$ からどれだけ違いがあるかを測る量として, カルバック–ライブラーのダイバージェンス

$$\mathrm{KL}(q; p) = E_q \left[\log \frac{q(X)}{p(X)} \right]$$

を用いる.これはいろいろな分野に顔を出す量なので,相対エントロピー等,いくつかの呼び名がある.確率変数 X の従う分布が q(これを $X \sim q(x)$,または観測値 x と確率変数 X を区別せずに $x \sim q(x)$ と標記する)と仮定して,$\log(q(X)/p(X))$ の期待値を計算している.記号 $E_q(A(X))$ は確率分布 q に関して $A(X)$ の期待値を計算することを表している.もし x がスカラーならば $\int_{-\infty}^{\infty} q(x) A(x)\, dx$ である.二つの分布 q と p を確率分布の空間の 2 点とみなすと,$\mathrm{KL}(q;p)$ は一種の距離のようなものとして扱える.一般に $\mathrm{KL}(q;p) \geq 0$ で,二つの分布が等しい ($q=p$) ときに $\mathrm{KL}(q;p) = 0$ である.

$\mathrm{KL}(q;p)$ を用いると,AIC は次式を満たすことが示される.

$$E_q\left[\mathrm{AIC}(\mathcal{X})\right] \approx 2n E_q\left[\mathrm{KL}(q;\hat{p})\right] + モデルに依存しない定数 \tag{4.1}$$

ここで,確率分布 $\hat{p}(x) = p(x;\hat{\theta}(\mathcal{X}))$ はモデルのパラメータを $\theta = \hat{\theta}(\mathcal{X})$ とおいたもの,右辺の定数はモデル選択では無視できる.AIC はデータ $\mathcal{X}$ から計算する統計量であるからランダムさをもった確率変数である.データの各要素 $x_1, \cdots, x_n$ が $q(x)$ に従う,すなわち $x_1, \cdots, x_n \sim q(x)$(ただしこれらは独立な確率変数)と仮定して期待値を計算したのが左辺である.一方,$\hat{p}$ が q からどれだけ違うかを表す $\mathrm{KL}(q;\hat{p})$ も $\mathcal{X}$ に依存した確率変数であり,左辺と同様に期待値を計算したのが右辺である.データ $\mathcal{X}$ が与えられたとき $\mathrm{KL}(q;\hat{p})$ を小さくするモデルを選びたいが,この量は未知の q に依存するから現実には計算できないので,その推定量として AIC が導入された.もしくは,$\hat{p}$ が q から平均的にどれだけ違うか,つまり平均的な良さ $E_q[\mathrm{KL}(q;\hat{p})]$ の推定量と考えてもよい.長い目で見ると AIC の平均値がこのように決めたモデルの良し悪しを表す.

4.1.2 AIC の導出

まず AIC の導出を簡単に復習しよう.AIC の導出では $\hat{\theta}(\mathcal{X})$ が最尤推定量,すなわち

$$\hat{\theta}_{\mathrm{ML}}(\mathcal{X}) = \arg\max_{\theta \in \Theta} \ell(\theta; \mathcal{X})$$

であることを仮定する.十分に n が大きくなると,大数の法則より対数尤度

(を n で割ったもの) はその期待値 $E_q[\ell(\theta; \mathcal{X})/n] = E_q[\log p(X; \theta)]$ に収束する．したがって，最尤推定量は次の値に収束する．

$$\bar{\theta} = \arg\max_{\theta \in \Theta} E_q[\log p(X; \theta)]$$

中心極限定理を使ってこの議論をもう少し精密に行うと，近似的に

$$\hat{\theta}_{\mathrm{ML}}(\mathcal{X}) \sim N(\bar{\theta}, H^{-1}GH^{-1}/n)$$

すなわち $\hat{\theta}_{\mathrm{ML}}(\mathcal{X})$ は多変量正規分布に従い，平均は $\bar{\theta}$，分散共分散行列は $H^{-1}GH^{-1}/n$ であることが示される．ただし $m \times m$ 行列 G と H は次式で定義される．

$$G = E_q\left[\left.\frac{\partial \log p(X;\theta)}{\partial \theta}\right|_{\bar{\theta}} \left.\frac{\partial \log p(X;\theta)}{\partial \theta^{\mathrm{T}}}\right|_{\bar{\theta}}\right], \quad H = E_q\left[-\left.\frac{\partial^2 \log p(X;\theta)}{\partial \theta \partial \theta^{\mathrm{T}}}\right|_{\bar{\theta}}\right]$$

ここで $\partial/\partial\theta$ は m 次元ベクトル θ の各成分による偏微分，^{T} は行列の転置を表す．もしモデルが正しい，すなわち $q \in M$ ならば $q(x) = p(x; \bar{\theta})$ であり，二つの行列は一致して $G = H$ はフィッシャー情報行列と呼ばれる．

竹内 (1976, 1983)[30,31] は AIC の導出を精密に行い，AIC の第二項を行列のトレースを用いて $2\mathrm{tr}(GH^{-1})$ で置き換えた

$$\mathrm{TIC}(\mathcal{X}) = -2\ell(\hat{\theta}(\mathcal{X}); \mathcal{X}) + 2\mathrm{tr}(GH^{-1}) \tag{4.2}$$

が (4.1) を満たすことを示した．この導出を以下で説明するが，現実のモデル選択では $G \approx H$ とみなしてもよいと考えられるので，$\mathrm{tr}(GH^{-1}) \approx m$ となって AIC が得られる．

2点 $q(x)$，$p(x; \theta)$ について

$$\mathrm{KL}(q; p(\theta)) = E_q[-\log p(X; \theta)] + E_q[\log q(X)]$$

であるから，$\bar{p}(x) = p(x; \bar{\theta})$ は M 上で最も q に近い点である．上式をとくに $\theta = \bar{\theta}$ の周りでテイラー展開すると

$$\mathrm{KL}(q; p(\theta)) = \mathrm{KL}(q; \bar{p}) + \frac{1}{2}(\theta - \bar{\theta})^{\mathrm{T}} H (\theta - \bar{\theta}) + \cdots$$

したがって，$\theta = \hat{\theta}_{\mathrm{ML}}(\mathcal{X})$ を代入して右辺第二項の期待値が

$$\mathrm{tr}\left(HE_q\left[(\hat{\theta}_{\mathrm{ML}} - \bar{\theta})(\hat{\theta}_{\mathrm{ML}} - \bar{\theta})^{\mathrm{T}}\right]\right)$$

となることに注意すれば

$$E_q\left[\mathrm{KL}(q;\hat{p}_{\mathrm{ML}})\right] \approx E_q\left[-\log p(X;\bar{\theta})\right] + \frac{1}{2n}\mathrm{tr}GH^{-1} + E_q\left[\log q(X)\right] \quad (4.3)$$

を得る．一方，対数尤度を $\theta = \hat{\theta}_{\mathrm{ML}}$ の周りでテイラー展開すると

$$-\ell(\theta;\mathcal{X}) = -\ell(\hat{\theta}_{\mathrm{ML}};\mathcal{X}) + \frac{n}{2}(\theta - \hat{\theta}_{\mathrm{ML}})^{\mathrm{T}} H(\theta - \hat{\theta}_{\mathrm{ML}}) + \cdots$$

と近似でき，さらに $\theta = \bar{\theta}$ とおいて期待値をとると

$$E_q\left[-\ell(\bar{\theta};\mathcal{X})\right] \approx E_q\left[-\ell(\hat{\theta}_{\mathrm{ML}};\mathcal{X})\right] + \frac{1}{2}\mathrm{tr}GH^{-1} \quad (4.4)$$

したがって，(4.3) と (4.4) から $E_q\left[\ell(\bar{\theta};\mathcal{X})\right] = nE_q\left[\log p(X;\bar{\theta})\right]$ を消去して，(4.2) を用いれば，

$$E_q\left[\mathrm{TIC}(\mathcal{X})\right] \approx 2nE_q\left[\mathrm{KL}(q;\hat{p}_{\mathrm{ML}})\right] + 2nE_q\left[-\log q(X)\right]$$

となる．

4.1.3 予測分布の良さ——最尤推定，ベイズ，ブートストラップ

将来に得るであろうサンプル $X \sim q(x)$ の従う確率分布をデータ $\mathcal{X}$ を利用して近似したものを一般に予測分布と呼ぶ．これを $\hat{p}(x) = \hat{p}(x;\mathcal{X})$ と書くことにする．これまで議論した $\hat{p}_{\mathrm{ML}}(x) = p(x;\hat{\theta}_{\mathrm{ML}}(\mathcal{X}))$ は予測分布の一例である．AIC は予測分布 $\hat{p}_{\mathrm{ML}}$ が q からどれだけ違っているか，その $\mathrm{KL}(q;\hat{p}_{\mathrm{ML}})$ の平均値を推定していた．モデルの候補が複数あれば，それぞれに対応した予測分布ができるので，最良の予測分布を与えるモデルを選ぶことが目的であった．

これをモデルの選択ではなく，予測分布の選択であると意識すれば，AIC の考え方はより一般的に適用できる．複数の予測分布の候補 $\hat{p}_k, k = 1, \cdots, K$ があれば，それぞれに対応する情報量規準，すなわち $E_q\left[\mathrm{KL}(q;\hat{p}_k)\right]$ の推定量を比較して最良の予測分布を選べばよい．予測分布の候補のとり方によって，こ

れはモデル選択，パラメータ推定法の選択，もしくはそれらを同時に行うなど，多様な応用に結びつく．以下では，いくつかの予測分布構成法について情報量規準を紹介する．

まず最尤推定量に限らず一般に推定量 $\hat{\theta}(\mathcal{X})$ を使って $\hat{p}(x;\mathcal{X}) = p(x;\hat{\theta}(\mathcal{X}))$ によって予測分布を与えることを考える．Konishi and Kitagawa (1996)[14] は，この場合の $E_q[\mathrm{KL}(q;\hat{p})]$ の推定量の一般式を導出した．これは一般化情報量規準 (GIC) と呼ばれる．とくに推定量がフィッシャー一致性をもつ M 推定量と呼ばれるクラス（この M はモデルの M とは無関係．$\hat{\theta}_{\mathrm{ML}}$ は M 推定量の一例）でモデルが正しい場合，結局 AIC の式の $\hat{\theta}_{\mathrm{ML}}$ を $\hat{\theta}$ で置き換えてそのまま使えばよいことが示される．モデルが正しいという条件は非現実的だが，TIC を AIC で近似するときと同様に M 推定量に対しても AIC の式は現実的な近似とみなしてよい．赤池の与えた AIC の式が当初想定したより広いクラスで妥当であることを示したことになる．

上記の予測分布はモデルのパラメータ推定から直接得られるものであり，当然ながら予測分布はモデルに含まれる，すなわち $\hat{p} \in M$ である．この制約をなくして $\hat{p} \notin M$ となることも許せば，予測分布の性能を上げられる可能性がある．この代表例はベイズ予測分布である．ベイズ法では θ を未知定数ではなく確率変数と考えて，事前分布と呼ばれる確率分布 $\pi(\theta)$ をまず指定する．もし θ の値が定まれば，データの要素がモデルに従う，すなわち $x_1,\cdots,x_n \sim p(x;\theta)$ を仮定して，同時分布が

$$f(\mathcal{X};\theta) = \prod_{i=1}^n p(x_i;\theta)$$

で与えられる．これがいわゆる尤度であり，対数尤度は $\ell(\theta;\mathcal{X}) = \log f(\mathcal{X};\theta)$ であった．ところがベイズ法では θ が確率変数であるから，あらゆる θ の可能性を事前分布で重み付き平均して，同時分布は

$$f(\mathcal{X}) = \int f(\mathcal{X};\theta)\pi(\theta)\,d\theta$$

で与えられる．そして実際に $\mathcal{X}$ を観測したときは，θ の確率分布が変化して事後分布

$$\pi(\theta|\mathcal{X}) = \frac{f(\mathcal{X};\theta)\pi(\theta)}{f(\mathcal{X})}$$

になることがベイズの定理（むしろベイズの「ルール」）の主張である．この考えを受け入れれば，モデル $p(x;\theta)$ の θ を一つに定めるのではなく，あらゆる θ の可能性を事後分布で重み付き平均して

$$\hat{p}_{\text{Bayes}}(x) = \int p(x;\theta)\pi(\theta|\mathcal{X})\,d\theta \tag{4.5}$$

が得られる．これがベイズ予測分布であり，一般に $\hat{p}_{\text{Bayes}} \notin M$ である．

Konishi and Kitagawa (1996)[14] によれば，ベイズ予測分布の情報量規準は TIC と同じ形式で与えられて

$$-2\sum_{i=1}^{n}\log\hat{p}_{\text{Bayes}}(x_i) + 2\text{tr}(GH^{-1}) \tag{4.6}$$

である．すなわちこれが $2nE_q[\text{KL}(q;\hat{p}_{\text{Bayes}})]$ の推定量である．TIC から AIC を得たときと同じ近似 $\text{tr}(GH^{-1}) \approx m$ を適用すれば，(4.6) は結局 AIC と同じ形式で予測分布を置き換えただけである．再び，AIC の式の妥当性が示されたことになる．

もしモデルや事前分布の候補が複数与えられれば，それぞれで (4.6) を計算して最小になるものを選べばよい．それだけでなく，(4.2) と (4.6) を比べれば，モデル M の利用を前提として二つの予測分布 $\hat{p}_{\text{ML}}$ と $\hat{p}_{\text{Bayes}}$ の良さを比較できる．Shimodaira (2000)[22] によれば，この差は

$$2n(E_q[\text{KL}(q;\hat{p}_{\text{ML}})] - E_q[\text{KL}(q;\hat{p}_{\text{Bayes}})]) = \text{tr}(GH^{-1}) - m \tag{4.7}$$

である．これが正なら $\hat{p}_{\text{Bayes}}$ が良く，負なら $\hat{p}_{\text{ML}}$ が良い．この結果は m に対して n が十分大きいと仮定した漸近理論を用いており，ベイズ法が真価を発揮するような m が大きい場合を必ずしも表していないが，予測分布を比較する際の一つの目安になるだろう．甘利（私信）の幾何学的な解釈によれば M の曲率に $\text{KL}(q;\bar{p})$ の平方根を掛けたものが $\text{tr}(GH^{-1}) - m$ に相当して，q が M の曲がっている方向（たとえば M が球面ならその中心に近づく方向）に離れたところにあるとき符号は正，反対方向に q があれば負である．そもそも幾何的に (4.5) を考えれば，$\hat{p}_{\text{ML}}$ の近傍において M の曲面上の点を重み付き平均したものが $\hat{p}_{\text{Bayes}}$ である．したがって $\hat{p}_{\text{Bayes}}$ は $\hat{p}_{\text{ML}}$ より M の曲がっている方

向に少し離れた点へ移動するので，q も同じ方向にあれば $\hat{p}_{\text{Bayes}}$ のほうが良くなるし，反対方向に q があれば $\hat{p}_{\text{ML}}$ のほうが良くなる．このように幾何的に (4.7) を考えれば，ごく自然な結果といえる．

Fushiki (2005)[11] は，Breiman (1996)[5] のバギング法によって計算した予測分布

$$\hat{p}_{\text{boot}}(x) = \frac{1}{B}\sum_{b=1}^{B} p(x;\hat{\theta}_{\text{ML}}(\mathcal{X}_b))$$

がベイズ予測分布を常に改良することを示した．ただし繰り返し数 B は十分に大きいとしておく．バギング法とは機械学習の分野でアンサンブル学習と呼ばれる手法の一種であり，多数の予測を合成して性能を上げるという考えに基づいている．これは後ほど述べるブートストラップ法によって $\hat{\theta}_{\text{ML}}(\mathcal{X})$ のブートストラップ複製 $\hat{\theta}_{\text{ML}}(\mathcal{X}_b)$ を B 個作成し，その予測分布を平均したものである．$\hat{p}_{\text{Bayes}}$ と $\hat{p}_{\text{boot}}$ の良さを計算すると，

$$2n(E_q\left[\text{KL}(q;\hat{p}_{\text{Bayes}})\right] - E_q\left[\text{KL}(q;\hat{p}_{\text{boot}})\right])$$
$$= \text{tr}(GH^{-1}GH^{-1}) - 2\text{tr}(GH^{-1}) + m \tag{4.8}$$

が得られる．$H^{-1/2}GH^{-1/2}$ の固有値を $\lambda_1,\cdots,\lambda_m$ とおけば，(4.8) は

$$\sum_{i=1}^{m}(\lambda_i^2 - 2\lambda_i + 1) = \sum_{i=1}^{m}(\lambda_i - 1)^2 \geq 0$$

となり，$\hat{p}_{\text{boot}}$ が $\hat{p}_{\text{Bayes}}$ より常に良いことがわかる．一般的にベイズ法は良いといわれるが，ベイズ法の事前分布のとり方によらず常にバギング法がそれに勝ることを意味する．あくまで数理的に都合の良い漸近理論を適用した結果であるものの，注目すべき内容だろう．

ここでの議論はすべて $X \sim q(x)$ という単純なサンプリングを想定しているが，より複雑な構造をもったデータに対して AIC の一般化が行われている．たとえば，$X = (Y, Z)$ と分割できて $Y \sim q(y)$ だけが観測できるが Z が観測できないとする．Z を状態変数とする状態空間モデルがこれに相当する．このような場合，周辺分布 $p(y;\theta) = \int p(y,z;\theta)\,dz$ の対数尤度を EM アルゴリズムで最大化してパラメータ推定を行うことが多い．$p(y;\theta)$ に着目すれば通常の AIC

が得られるが，Shimodaira (1994)[20]，Cavanaugh and Shumway (1998)[6]，Seghouane et al. (2005)[18] では $p(y, z; \theta)$ に着目して z の予測分布の良さを考慮した情報量規準を導出している．一方，次のような例もある．回帰分析で条件付分布 $p(y|x; \theta)$ を推定するときの共変量の分布 $X \sim q_0(x)$ と予測するときの分布 $X \sim q_1(x)$ が異なる場合を「共変量シフト」と呼ぶ．このときの情報量規準が Shimodaira (2000)[22]，Kanamori and Shimodaira (2003)[12], 杉山 (2006)[29] で議論されており，機械学習の分野でも近年注目されている．

4.2 モデル選択のランダムネス

4.2.1 AICのバラツキ

AICにランダムネスが伴うことは，次のように理解できる．データ $\mathcal{X} = \{x_1, \cdots, x_n\}$ の要素は $x_1, \cdots, x_n \sim q(x)$ に従う確率変数の実現値である．つまり同時分布を $\mathcal{X} \sim g(\mathcal{X}) = \prod_{i=1}^{n} q(x_i)$ と書いてもよい．現実に AIC をモデル選択に利用するときは手元にあるデータ $\mathcal{X}$ から $\mathrm{AIC}(\mathcal{X})$ を各モデルごとに計算するから AIC はもちろん一つの値をとる．しかしその背後には真の分布からのサンプリング $\mathcal{X} \sim g(\mathcal{X})$ があり，思考実験として仮に何回もサンプリング $\mathcal{X}_b \sim g(\mathcal{X}), b = 1, \cdots, B$ が許されれば $\mathrm{AIC}(\mathcal{X}_b)$ は毎回異なる値をとる．このような回りくどい言い方をしなくても，いわゆる計算機シミュレーションを行えばすぐに理解できることである．あらかじめ確率分布 $q(x)$ を定めておき，擬似乱数を利用してデータを何回でも生成すれば，たとえ同じ分布からデータを生成していても AIC の値は毎回異なる．

このように AIC は確率変数であり，その期待値がモデルの良さ（より一般的には予測分布の良さ）になることを (4.1) は意味していた．モデル M_k, $k = 1, \cdots, K$ に対して AIC を $\mathrm{AIC}_k(\mathcal{X})$ と書くことにする．モデル M_k の良さは $E_q[\mathrm{KL}(q, \hat{p}_k)]$ で定義され，これを小さくするほど良いとする．AIC 最小モデルは

$$\hat{k}(\mathcal{X}) = \arg\min_{k=1,\cdots,K} \mathrm{AIC}_k(\mathcal{X})$$

であるが，一番良いモデルは

$$\bar{k} = \arg\min_{k=1,\cdots,K} E_q\left[\mathrm{KL}(q,\hat{p}_k)\right]$$

と定義する．もしくは

$$\bar{k}(\mathcal{X}) = \arg\min_{k=1,\cdots,K} \mathrm{KL}(q,\hat{p}_k)$$

という定義にしても妥当であろうが，これについては議論しないでおく．

たとえ AIC にバラツキがあるとしてもモデル選択に影響を与えなければ問題ない．これらのバラツキが小さくて大小関係の順序を変えなければ，とくに $\hat{k}(\mathcal{X})$ がほとんどランダムネスの影響を受けず $\bar{k}$ になるのなら，結果的に問題ない．ところが現実には，必ずしもそうとはいえない．

4.2.2 系統樹推定

AIC のバラツキが深刻な問題となる例に系統樹推定がある．系統樹とは生物進化の分岐過程を表現したラベル付き木のことで，DNA 配列データなどから推定する．図 4.1 には，6 種の哺乳類の系統樹を示してある．簡単のためアザラシとウシをひとまとめにして，5 個の生物群を 1=ヒト，2=(アザラシ，ウシ)，3=ウサギ，4=マウス，5=オポッサムと標記した．ここでは分岐順序だけに興味があるとして，左の系統樹を括弧式 ((((1,2),3),4),5)，右の系統樹を (((1,2),(3,4)),5) で表す．

図のノード 6～9 は過去に存在していた生物，とくに 9 は 6 種の哺乳類の共通祖先を表す．生物学的理由でオポッサムは最も共通祖先に近いことがわかっているので，残りの 4 個の生物群を葉とする木の組合せを考えると，表 4.1 の一番右側の列に示すように $1\times 3\times 5=15$ 個の可能な系統樹がある．一方，図の a, e, f は生物群を分割する枝を表す．たとえば a は $\{1,2,3\}$ と $\{4,5\}$ に分割する．このような分割は葉に直結するものを除いて 10 通りあり（それらを a,$\cdots$, j で表す），各々の系統樹は 2 個の枝の組合せで表現できる．図の左の系統樹は $\{a,e\}$，右の系統樹は $\{e,f\}$ である．

系統樹の枝にそった確率過程に従って DNA 配列が変化する（これが進化）と仮定すれば，枝の長さ（時間に比例）をパラメータとする確率モデルが得られる．15 個の系統樹は $M_1,\cdots,M_{15}$ とみなせて，系統樹推定は結局モデ

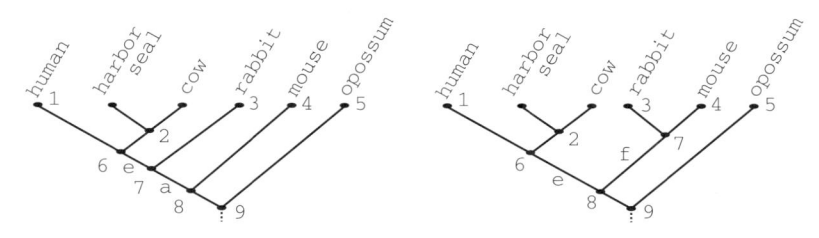

図 4.1 系統樹の例 (Shimodaira (2001)[23], Figure 1)

ル選択になる．どの系統樹もパラメータ数は等しいので，対数尤度 $\ell_k(\mathcal{X})$, $k=1,\cdots,15$ を最大にする $\hat{k}$ を選べばよい．表 4.1 ではモデルの番号を並べ替えて $\ell_1 \geq \ell_2 \geq \cdots \geq \ell_{15}$ としてあるので，$\hat{k}=1$ である．表には各モデルが $\bar{k}$ である可能性を確率で表現した p 値（probability value の略）も示されている．これらの詳細は後ほど説明するが，LR を除くいずれの p 値からも $\hat{k} \neq \bar{k}$ となる可能性が無視できないことが読みとれる．これは AIC のバラツキが大きいためである．

次節の理解を容易にするために，系統樹のモデルを回帰分析のモデルで表現しておく．目的変数 y と 10 個の説明変数 $x_\mathrm{a},\cdots,x_\mathrm{j}$ を使った回帰分析を形式的に考える．このうちある種の制約をもった 2 個の説明変数を選んだものが一つの系統樹に対応することが示せる (Shimodaira (2001)[23])．たとえば M_1 と M_4 の比較は

$$M_1: y = \beta_0 + \beta_\mathrm{a} x_\mathrm{a} + \beta_\mathrm{e} x_\mathrm{e} + \epsilon \quad \text{v.s.} \quad M_4: y = \beta_0 + \beta_\mathrm{e} x_\mathrm{e} + \beta_\mathrm{f} x_\mathrm{f} + \epsilon \quad (4.9)$$

であり，それぞれパラメータは $\theta_\mathrm{a,e} = (\beta_0, \beta_\mathrm{a}, \beta_\mathrm{e})$, $\theta_\mathrm{e,f} = (\beta_0, \beta_\mathrm{e}, \beta_\mathrm{f})$ となる．系統樹のモデル M_1 を $\{\mathrm{a,e}\}$，M_4 を $\{\mathrm{e,f}\}$ などと表記してもよいことにする．

4.2.3 二つのモデルの比較

AIC のバラツキを二つのモデル M_k と $M_{k'}$ の比較の場合で考える．モデル選択は AIC の差

$$\mathrm{AIC}_k(\mathcal{X}) - \mathrm{AIC}_{k'}(\mathcal{X}) = 2\Delta\ell(\mathcal{X}) - 2(m_{k'} - m_k)$$

の符号で判断する．ただし $\Delta\ell$ は対数尤度の差

表 4.1 系統樹推定における対数尤度差と p 値

k	枝	$\ell_{\hat{k}} - \ell_k$	LR	BA	BP	KH	SH	α'_2	α'_3	系統樹
1	{a, e}	0.0	.000	.934	.583	.640	.941	.746	.746	(((12)3)45)
2	{a, i}	2.7	.000	.065	.317	.360	.811	.464	.453	((1(23))45)
3	{a, h}	7.4	.000	.001	.038	.121	.577	.130	.161	(((13)2)45)
4	{e, f}	17.6	.000	.000	.012	.040	.169	.079	.106	((12)(34)5)
5	{c, f}	18.9	.000	.000	.030	.066	.139	.132	.159	(1(2(34))5)
6	{c, i}	20.1	.000	.000	.006	.050	.109	.037	.048	(1((23)4)5)
7	{b, f}	20.6	.000	.000	.011	.048	.107	.105	.148	((1(34))25)
8	{i, j}	22.2	.000	.000	.001	.032	.070	.011	.019	((14)(23)5)
9	{d, e}	25.4	.000	.000	.000	.001	.029	.000	.001	(((12)4)35)
10	{b, j}	26.3	.000	.000	.002	.018	.032	.028	.046	(((14)3)25)
11	{b, h}	28.9	.000	.000	.000	.008	.017	.005	.013	(((13)4)25)
12	{d, j}	31.6	.000	.000	.000	.003	.006	.002	.014	(((14)2)35)
13	{c, g}	31.7	.000	.000	.000	.003	.006	.000	.000	(1((24)3)5)
14	{g, h}	34.7	.000	.000	.000	.001	.002	.000	.000	((13)(24)5)
15	{d, g}	36.2	.000	.000	.000	.000	.001	.000	.000	((1(24))35)

LR から SH までは Shimodaira (2001)[23] の Table 1 より転載. α'_2 と α'_3 は scaleboot パッケージ (Shimodaira (2006)[26]) で計算した.

$$\Delta\ell(\mathcal{X}) = \sum_{i=1}^{n}(\log p_{k'}(x_i;\hat{\theta}_{k'}) - \log p_k(x_i;\hat{\theta}_k))$$

である.もし M_k が $M_{k'}$ のパラメータを制限することにより得られる部分モデル,すなわち $M_k \subset M_{k'}$ ならば,M_k は $M_{k'}$ にネストしているという.たとえば 3 個の説明変数を使った $y = \beta_0 + \beta_a x_a + \beta_e x_e + \beta_f x_f + \epsilon$ のパラメータは $\theta_{a,e,f} = (\beta_0, \beta_a, \beta_e, \beta_f)$ であるが,$\theta_f = 0$ と制限すれば (4.9) の M_1 が部分モデルとして得られる.図 4.2 に示したように,モデル {a, e, f} は M_1 と M_4 を部分集合として含み,もはや系統樹に対応しない.

ネストしている場合,n が十分大きいと仮定すれば,$2\Delta\ell(\mathcal{X})$ は自由度 $m_{k'} - m_k$ の非心カイ二乗分布に従うことが知られている.とくに $q \in M_k$ ならば非心度がゼロになりカイ二乗分布に従うことが,仮説検定の一種である尤度比検定の根拠になっていて,$2\Delta\ell(\mathcal{X})$ があらかじめ定めた閾値より大きくなるとき M_k を棄却する.これを $M_{k'}$ の選択と解釈すれば,AIC によるモデル選択ではその閾値を $2(m_{k'} - m_k)$ にしたことになる.仮説検定と AIC はその

背景となる問題意識が異なるものの，結果として同じ統計量を異なる閾値で使っている．

M_k と $M_{k'}$ の間に包含関係がない場合はノンネストといわれ，上で述べたような仮説検定が利用できない．たとえば (4.9) の M_1 と M_4 はノンネストである．この例ではとくに $m_k = m_{k'}$ であるから AIC によるモデル選択は，対数尤度の大きいモデルを選ぶことに相当する．ノンネストで $\bar{p}_k = p_k(x; \bar{\theta}_k)$ と $\bar{p}_{k'} = p_{k'}(x; \bar{\theta}_{k'})$ が異なるとき，n が十分に大きくなると $\Delta\ell(\mathcal{X})$ が正規分布で近似できることが知られている．その分散の推定量を $\hat{V}(\Delta\ell)$ と書くと，

$$z = \frac{\Delta\ell(\mathcal{X})}{\sqrt{\hat{V}(\Delta\ell)}}$$

が近似的に分散 1 の正規分布に従うことを利用して二つのモデルの良さに差があるかどうかを仮説検定することができる．$m_k \neq m_{k'}$ ならば上の式の対数尤度を AIC で置き換えればよい．この方法は Kishino and Hasegawa (1989)[13] によって提案されて系統樹推定の分野で Kishino–Hasegawa test（KH 検定）として広く利用されてきた．これはいわばモデル選択の検定である．表 4.1 の KH は $k' = \hat{k}$ とおいた KH 検定の p 値である．あらかじめ定めた有意水準より p 値が小さくなるモデルは棄却される．逆に p 値が有意水準以上ならば $\hat{k}$ でなくても $\bar{k}$ である可能性があると判断する．有意水準 5% を閾値とすれば，$k = 1, 2, 3, 5, 6$ が棄却されずに残る（閾値は便宜的なものなので，$k = 7$ も含めるべきだろう）．

表 4.1 の LR は $M_{k'} = \{\text{a}, \text{b}, \cdots, \text{j}\}$ とおいた尤度比検定の p 値である．この $M_{k'}$ は $M_1, \cdots, M_{15}$ を部分モデルとして含み，フルモデルという．ノンネストのモデル比較でも，このように形式的にネストの場合に持ち込むことは可能である．しかし結果を見ると，どの系統樹も p 値が 0% であるから，すべてのモデルが棄却されてしまう（アザラシとウシをまとめないで分析しても同じ結果になる）．すべての系統樹の組合せを考慮しているのだから，確率過程のモデルが現実の進化を十分に近似していないと考えられる．ゲノムデータの急速な増加の結果，いくら精密な確率過程を工夫してもこの現象は避けがたく，KH 検定などモデル選択の検定に頼らざるをえない．なお，これと同じ原因によっ

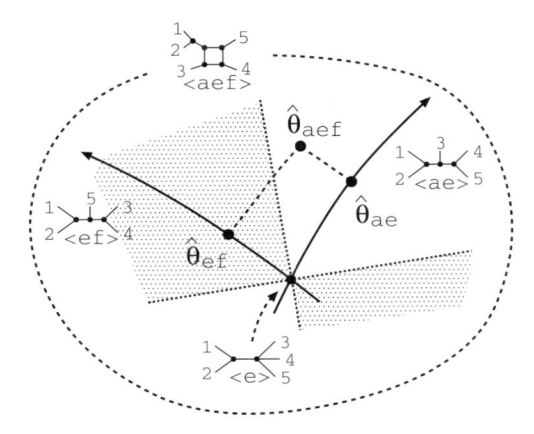

図 4.2 確率分布の空間における系統樹のモデル M_1 と M_4 (Shimodaira (2001)[23], Figure 5)

て，ベイズの事後確率（表 4.1 の BA）は M_1 では 1 に近く，それ以外は 0 に近くなるという傾向が出てしまう．マルコフ連鎖モンテカルロ法の普及によって系統樹推定でも事後確率が利用されているが，注意が必要である．

4.2.4 仮説の相違

ネストのときの尤度比検定とノンネストのときのモデル選択の検定では，想定している仮説の形式がまったく異なることを注意しておく．尤度比検定では $q \in M_k$ という仮説が真であるか否かを調べていた．$M_{k'}$ は比較のために利用されていただけである．これに対してモデル選択の検定では $E_q[\mathrm{KL}(q, \hat{p}_k)] = E_q[\mathrm{KL}(q, \hat{p}_{k'})]$ が帰無仮説であり，$q \in M_k$ とか $q \in M_{k'}$ というのは関係ない．(4.3) より

$$E_q[\mathrm{KL}(q; \hat{p}_k)] \approx \mathrm{KL}(q; \bar{p}_k) + \frac{m_k}{2n}$$

であるから，モデル選択の検定における帰無仮説を幾何的に解釈すると，q が M_k と $M_{k'}$ からほぼ等距離にある場合である．図 4.2 の斜線は $E_q[\mathrm{KL}(q, \hat{p}_1)] \geq E_q[\mathrm{KL}(q, \hat{p}_4)]$ の領域を表していて，その境界がこの帰無仮説に相当する（ここでは簡単のため，系統樹の枝の長さが非負という条件を無視している）．さ

らに対数尤度差の分散を調べると

$$V(\Delta\ell(\mathcal{X})) \approx \sum_{i=1}^{n}(\log p_{k'}(x_i;\bar{\theta}_{k'}) - \log p_k(x_i;\bar{\theta}_k))^2$$

で近似できて，これをさらに近似すると $V(\Delta\ell(\mathcal{X})) \approx n \times (\mathrm{KL}(\bar{p}_k;\bar{p}_{k'}) + \mathrm{KL}(\bar{p}_{k'};\bar{p}_k))$ である（下平 (1993)[18]）．

この幾何的な解釈より，ノンネストで $\bar{p}_k$ と $\bar{p}_{k'}$ の違いが大きいとき，AIC の差の分散は大きくなり，多少の AIC の差があってもそれはバラツキの結果である可能性が高くなることがわかる．単に AIC の差や対数尤度の差だけを見てモデルの良さに有意な差があるかどうかを結論することはできないことを意味する．このような状況を得るには，ノンネストの場合に $\bar{p}_k$ と $\bar{p}_{k'}$ の中点あたりに q があるとして2点を遠ざけていけば，$E_q(\Delta\ell)$ を一定に保ったまま $V(\Delta\ell)$ を大きくできる．たとえば (4.9) において q を $y = \beta_0 + bx_\mathrm{a} + \beta_\mathrm{e}x_\mathrm{e} + bx_\mathrm{f} + \epsilon$，$\mathrm{Cov}(x_i, x_j) = \delta_{ij}$, $b \to \infty$ とすればよい．ノンネストの場合でも $q \in M_k$ または $q \in M_{k'}$ を仮定したシミュレーションだけを行っていれば，この点を見落としているだろう．また，ネストの場合だけを考えれば，$V(\Delta\ell)$ を大きくすると必ず $E_q(\Delta\ell)$ も大きくなるので，AIC のバラツキの影響は軽減される．

そもそも良い予測分布を得るという観点からすれば，(4.9) のようなモデル比較はあまり意味がないことにも注意しておく．M_k と $M_{k'}$ を包含するフルモデル $\{\mathrm{a},\mathrm{e},\mathrm{f}\}$ をモデル候補に含めるべきで，先ほどのように $V(\Delta\ell)$ が大きくなる状況ではこれが AIC 最小になる可能性が高い．そのうえ $q \in M_k$ という状況ならば M_k とフルモデルの予測分布は互いに近いから k の選択にバラツキがあっても $\hat{p}_k$ のバラツキは小さい．この方向で考えていくと，フルモデルだけを考えて，必要に応じて回帰係数が不安定にならないような工夫（ベイズ法やリッジ回帰，正則化項の導入など）をすれば十分ということになり，そもそもモデル選択が不要になる．

ところが系統樹推定のような現実の応用では，それぞれのモデルが何らかの興味のある仮説を反映していて，モデル選択こそがデータ解析の目的である場合が多い．そして数理的に都合の良いフルモデル（系統樹推定でいえば木に対応しない）を考慮の対象に加えることはしないから，(4.9) のようなモデル比較

が重要になる．しかし，LR の p 値がすべて 0% だった現象はもしかしたら確率過程のモデルが悪かったせいではなく，本当にすべての系統樹が不適切だったのかもしれない（たとえば，生物種を越えて遺伝子が伝わる現象があると，単一の系統樹では真実を表現できない）．この場合はフルモデルを候補に含めるほうが合理的である．現実のデータ解析はなかなか複雑である．

4.2.5 ブートストラップ法によるモデル選択の検定

もし計算機シミュレーションで $\mathcal{X}_b \sim g(\mathcal{X})$, $b = 1, \cdots, B$ を生成すれば，各 b でモデル選択を実行することによりそのバラツキを直接調べることができる．つまり $\mathrm{AIC}_k(\mathcal{X}_b)$, $k = 1, \cdots, K$ を計算し，それを最小にする $\hat{k}(\mathcal{X}_b)$ が $b = 1, \cdots, B$ でどれだけバラツキがあるかを調べればよい．もちろん現実のデータ解析では $\mathcal{X}$ が与えられるだけで $q(x)$ は未知だから，この方法は使えない．

そこで Efron (1979)[7] によって考案されたのがブートストラップ法である．手順は極めて単純で，$\mathcal{X}$ の要素 $x_1, \cdots, x_n$ から重複を許してランダムに n 回とり出し $\mathcal{X}_b = \{x_{b,1}, \cdots, x_{b,n}\}$ の要素とする．つまり $1, \cdots, n$ のどの要素を選ぶ確率も $1/n$ としてランダムに n 回選び出したものを $i_1, \cdots, i_n$ とし，これを添え字とする $\mathcal{X}$ の要素をとり出して $x_{b,j} = x_{i_j}$, $j = 1, \cdots, n$ とおく．この手続きを独立に B 回実行してブートストラップ標本 $\mathcal{X}_1, \cdots, \mathcal{X}_B$ を生成する．

ブートストラップ法によって生成される $\mathcal{X}_b$ の要素が従う分布は，いわゆる経験分布

$$\hat{q}(x) = \frac{1}{n} \sum_{i=1}^{n} \delta(x - x_i)$$

である．ただし $\delta(x - x_i)$ は $x = x_i$ に要素があることを示すデルタ関数である．$x_1, \cdots, x_n \sim q(x)$ に対比させて書けば $x_{b,1}, \cdots, x_{b,n} \sim \hat{q}(x)$ であり，同時分布は $\mathcal{X} \sim g(\mathcal{X})$ に対比させて $\mathcal{X}_b \sim \hat{g}(\mathcal{X}) = \prod_{i=1}^{n} \hat{q}(x_i)$ である．累積分布関数に関してみれば，$n \to \infty$ で $\hat{q} \to q$ であるから，十分大きな n で q の代わりに $\hat{q}$ を用いて期待値や確率を近似計算してもよい．ブートストラップ法はこの計算をシミュレーションで置き換えてしまう．

ブートストラップ法は汎用性のある手法で，モデル選択に関連するランダム

ネスを測定するために利用することができる．たとえば，先ほどのモデル選択の検定をブートストラップ法で計算するには，統計量を

$$T(\mathcal{X}) = \mathrm{AIC}_k(\mathcal{X}) - \mathrm{AIC}_{k'}(\mathcal{X}) \tag{4.10}$$

とおいて，ブートストラップ標本から計算した $T(\mathcal{X}_b)$ がこれより大きくなる回数

$$C = \#\{T(\mathcal{X}_b) - \bar{T}(\mathcal{X}) > T(\mathcal{X}), \quad b = 1, \cdots, B\}$$

を計算する．ただし記号 $\#\{A_1, \cdots, A_B\}$ は事象 $A_1, \cdots, A_B$ のうち成立するものの個数を表す．また $\bar{T}(\mathcal{X}) = \frac{1}{B}\sum_{b=1}^{B} T(\mathcal{X}_b)$ はブートストラップ標本における平均値である．B は十分に大きい（たとえば $B = 10{,}000$）としておくことにより，$\bar{T}(\mathcal{X}) = E_{\hat{q}}(T(\mathcal{X}_b))$ とみなしてよい．$\bar{T}(\mathcal{X})$ は本当は $\mathcal{X}$ ではなく $\mathcal{X}_1, \cdots, \mathcal{X}_B$ に依存するが，$B \to \infty$ としたときの条件付期待値を近似する意味で $\mathcal{X}$ に依存すると標記した．

C の計算で $T(\mathcal{X}_b)$ の代わりに $T(\mathcal{X}_b) - \bar{T}(\mathcal{X})$ を用いることを中心化という．$E_q(T(\mathcal{X})) = 0$ という帰無仮説から $T(\mathcal{X}_b)$ を生成することを中心化によって近似している．したがって C が極端に小さければ，この帰無仮説から想定されるより $T(\mathcal{X})$ が極めて大きかったことを意味するので，$E(T(\mathcal{X})) > 0$ すなわち $M_{k'}$ が M_k より良いと結論する．逆に，C が比較的大きければ仮に $T(\mathcal{X}) > 0$ であったとしても $E(T(\mathcal{X})) > 0$ とは結論できない．仮説検定の p 値は $\alpha = C/B$ と計算できて，上記の判断の閾値は $\alpha < 0.05$ かどうかで行うことが多い．これが先ほど述べた KH 検定の p 値に相当する．

この方法は二つのモデルを比較するだけなら良いのだが，多数のモデルを同時に比較すると選択バイアスまたは検定の多重性が問題になる．$M_1, \cdots, M_K$ からのモデル選択を考える．そのうちの一つ M_k が一番良いモデルである可能性があるかどうかを検討したい．AIC 最小モデルに比べて有意に AIC が悪くなっているかを検定するために，統計量を

$$T(\mathcal{X}) = \mathrm{AIC}_k(\mathcal{X}) - \mathrm{AIC}_{\hat{k}(\mathcal{X})}(\mathcal{X}) \tag{4.11}$$

とする．これは (4.10) において $k' = \hat{k}(\mathcal{X})$ とおいただけであるが，先ほどの手法をそのまま使うと b ごとに $\hat{k}(\mathcal{X})$ が変動する影響が反映されずに，

本来よりも帰無仮説が棄却されやすくなってしまう．そこで中心化された $\mathrm{AIC}'_k(\mathcal{X}_b) = \mathrm{AIC}_k(\mathcal{X}_b) - \frac{1}{B}\sum_{b=1}^{B}\mathrm{AIC}_k(\mathcal{X}_b)$ を使って

$$C = \#\left\{\max_{k'=1,\cdots,k-1,k+1,\cdots,K}(\mathrm{AIC}'_k(\mathcal{X}_b) - \mathrm{AIC}'_{k'}(\mathcal{X}_b)) > T(\mathcal{X}), \quad b=1,\cdots,B\right\}$$

とする手法が系統樹推定で広く利用されている（下平 (1993)[19], Shimodaira (1998)[21], Shimodaira and Hasegawa (1999)[28]）．これは Shimodaira–Hasegawa test（SH 検定）と呼ばれている．表 4.1 を見るとわかるように，SH 検定は KH 検定よりも p 値が大きくなってモデルが棄却されにくくなる傾向がある．

4.2.6 ブートストラップ確率のバイアス

モデル選択の検定（KH 検定，SH 検定）による p 値計算は仮説検定として定式化されている．p 値は信頼度の指標の一つといえるが，これをより直接的に計算する方法が Felsenstein (1985)[10] によって導入されたブートストラップ確率である．$M_1,\cdots,M_K$ の中で M_k が AIC 最小になる回数

$$C = \#\left\{\max_{k'=1,\cdots,k-1,k+1,\cdots,K}(\mathrm{AIC}_k(\mathcal{X}_b) - \mathrm{AIC}_{k'}(\mathcal{X}_b)) \leq 0, \quad b=1,\cdots,B\right\} \tag{4.12}$$

を計算すれば，ブートストラップ確率は $\alpha = C/B$ で与えられる．たとえば $\alpha > 0.95$ であれば M_k が一番良い可能性が高いし，逆に $\alpha < 0.05$ であればその仮説を棄却する．この方法は AIC やモデル選択に関する仮定をとくに利用していないので，離散的な出力の信頼度を測る方法として一般的に利用可能である．

ブートストラップ確率が信頼度を与える指標の一つであることはその計算手続きから明らかであるが，結局それが何を意味するのか，解釈に関してこれまでしばしば議論されてきた．ベイズの事後確率としての解釈も可能だが，とくにモデル選択の検定における p 値として解釈すると，ブートストラップ確率には大きなバイアスが伴う．このことを，Efron et al. (1996)[9] に従って正規モデルで説明する．

まず適当な次元の確率ベクトル Y と実現値 y を考える．データ $\mathcal{X}$ から y への非線形変換を工夫して Y が多変量正規分布に従うようにできると仮定する．現実の応用ではこの変換を実際に求める必要はなく，あくまで理論を展開するためだけにこのような変換を考える．もしモデル選択の検定と同じ近似を認めれば，y は K 次元でその k 番目の要素を $\mathrm{AIC}_k(\mathcal{X})$ とおいたものが変換の一例である．以下では y への変換によって一般性を失うことなく，$Y \sim N(\mu, I)$，つまり Y の期待値ベクトルは μ，分散共分散行列は単位行列 I とする．そして M_k が一番良いモデルであるという仮説が適当な領域 $\mathcal{H}$ によって $\mu \in \mathcal{H}$ と表現されるものとしておく．このときブートストラップ法によって生成される $\mathcal{X}_1, \cdots, \mathcal{X}_B$ は $y_1, \cdots, y_B \sim N(y, I)$ と近似できるので，

$$C = \#\{y_b \in \mathcal{H}, \quad b = 1, \cdots, B\} \tag{4.13}$$

からブートストラップ確率が $\alpha = C/B$ と表現できる．実際の応用では (4.12) で計算するのだが，これを理論的に表現するモデルとして (4.13) を考えるだけである．系統樹推定におけるブートストラップ確率の値は表 4.1 では BP に示してある．

一方，仮説検定におけるバイアスのない p 値は次のように表現される．まず $\mathcal{H}$ の境界（表面）を $\partial \mathcal{H}$ と表し，その境界上で y までの距離が最小になる点を $\hat{\mu}(y)$ で表す．y の代わりに帰無仮説を代表する点 $\hat{\mu}(y)$ からブートストラップ標本 $y'_1, \cdots, y'_B \sim N(\hat{\mu}(y), I)$ を生成して，実際観測した y よりも $\mathcal{H}$ から遠ざかる頻度を計算すれば不偏な p 値 α' が得られる．そこで先ほどの距離に符号をつけて $y \in \mathcal{H}$ のときは符号を負，$y \notin \mathcal{H}$ のときは正にしたものを $v(y) = \pm \|y - \hat{\mu}(y)\|$ と書くことにする．符号付距離 $v(y)$ は y が $\mathcal{H}$ から遠ざかるほど大きくなるので，領域 $\mathcal{H}' = \{y' \mid v(y') \geq v(y)\}$ を定義して，

$$C' = \#\{y'_b \in \mathcal{H}', \quad b = 1, \cdots, B\} \tag{4.14}$$

から $\alpha' = C'/B$ を計算できる．

もし $\partial \mathcal{H}$ が平坦なら $\partial \mathcal{H}'$ も平坦であり，$v(y)$ はこれらの平面に垂直な軸の座標になる．このときは結局 1 次元の正規分布を考えれば十分で，標準正規分布の分布関数 $\Phi(x)$ を使って $\alpha = 1 - \Phi(v(y)) = \alpha'$ と書ける．一般には $\partial \mathcal{H}$

の $\hat{\mu}(y)$ における曲率 $c(y)$ の分だけ α は減少，同じ分だけ α' は増加するから，$c(y) \neq 0$ ならブートストラップ確率がバイアスをもつ．Efron and Tibshirani (1998)[8] の結果を多少変形すると，$O(n^{-3/2})$ の誤差を無視して

$$\alpha = 1 - \Phi(v(y) + c(y)), \quad \alpha' = 1 - \Phi(v(y) - c(y)) \qquad (4.15)$$

であり，この両者の差がバイアスになる．すなわち，$\partial\mathcal{H}$ の曲率が原因となってブートストラップ確率はバイアスをもち，精度が下がっていた．

4.2.7 マルチスケール・ブートストラップ法

ブートストラップ確率 α と不偏な p 値 α' の関係を表す (4.15) を認めてしまえば，$c(y)$ の値を利用して α を補正し α' を得るのは容易である．これはちょうどモデルの次元 m の値を利用して最大対数尤度 $\ell(\hat{\theta}; \mathcal{X})$ を補正し AIC を得るのと似ている．しかし $c(y)$ の値は未知である．そこで Shimodaira (2002)[24] で考案されたのがマルチスケール・ブートストラップ法である．

まず α を計算するときのブートストラップ標本のサンプルサイズを n から n' に変更し，$\mathcal{X}_b = \{x_{b,1}, \cdots, x_{b,n'}\}$ とする．すると y_b のバラツキは $\sigma = \sqrt{n/n'}$ 倍されるので，$y_1, \cdots, y_B \sim N(y, \sigma^2 I)$ と近似できる．このときのブートストラップ確率を α_{σ^2} と書くと，スケール変換則は $v(y) \to v(y)/\sigma$, $c(y) \to c(y)\sigma$ と置き換えることに等価だから，

$$\alpha_{\sigma^2} = 1 - \Phi(v(y)/\sigma + c(y)\sigma) \qquad (4.16)$$

が得られる．いくつかスケール σ を変化させて (4.12) から計算した α_{σ^2} にモデル (4.16) を当てはめれば $v(y)$ と $c(y)$ が推定できる．これを (4.15) に代入すれば α' が計算できる．この方法は n' を変えてブートストラップ確率を計算するだけで容易に不偏な p 値が計算できるので，系統樹推定やマイクロアレイの階層クラスタリングで普及しつつある．

ブートストラップ確率の z-値を $z_{\sigma^2} = \Phi^{-1}(1 - \alpha_{\sigma^2})$ で定義してこれを σ^{-1} の関数とみなすと，(4.15) と (4.16) から次式が確かめられる．

$$\alpha' = 1 - \Phi\left(\left.\frac{\partial z_{\sigma^2}}{\partial (\sigma^{-1})}\right|_{\sigma^{-1}=1}\right) \qquad (4.17)$$

つまり，ブートストラップ確率そのものはバイアスがあるが，スケールを変化させたときの変化率が不偏な p 値になる．(4.17) をさらに変形すると，次式において $k=2$（この k はモデルの添え字とは無関係）としたものになることが確かめられる (Shimodaira (2007)[27])．

$$\alpha'_k = 1 - \Phi\left(\sum_{j=0}^{k-1} \frac{(-1-1)^j}{j!} \frac{\partial^j (\sigma z_{\sigma^2})}{\partial (\sigma^2)^j}\bigg|_{\sigma^2=1}\right) \qquad (4.18)$$

この式は σz_{σ^2} を σ^2 の関数とみなして $\sigma^2 = 1$ においてテイラー展開（k 項で打ち切り）して $\sigma^2 = -1$ へ外挿したものである．とくに，$k=1$ でブートストラップ確率 $\alpha = \alpha'_1$，$k=2$ で Shimodaira (2002)[24] の不偏な p 値 $\alpha' = \alpha'_2$ に一致する．いわば，ブートストラップ確率を $n' = -n$ へ外挿したものが不偏な p 値になると解釈できる．系統樹推定における α'_2 と α'_3 を表 4.1 に示してある．

実は (4.15) は $\mathcal{H}$ の境界 $\partial \mathcal{H}$ が滑らかな曲面であることを仮定して得られていた．ところが実際には $\partial \mathcal{H}$ が滑らかでなくて，$\mathcal{H}$ を局所的に見ると錐になっていることが多い．(4.15) を導出するときに基礎となる通常の漸近理論は曲面 $\partial \mathcal{H}$ の振る舞いを局所的にテイラー展開して調べるので，滑らかでなくなると使えなくなってしまう．そこで，Shimodaira (2007)[27] では曲面のテイラー展開の代わりにフーリエ変換を利用して $\partial \mathcal{H}$ を調べ，その結果として (4.18) を導出した．境界が錐となる特異性があっても k を増やすと α'_k のバイアスは減少することが示される．

ところが Lehmann (1952)[16] によれば，境界が錐となる特異性があると，そもそも不偏な p 値が合理的に定義できない．実際に $k \to \infty$ とすると α'_k のバイアスは減少するのだが，$\{y \mid \alpha'_k(y) = 0.05\}$ で定義される棄却域の境界が激しく振動して発散してしまう．これは頻度論の限界といえるかもしれない (Perlman and Wu (1999)[17])．一方でベイズの事後確率を信頼度の指標として採用すれば問題が解決するわけでもない．すべての μ が一様に確からしいという事前分布を想定すれば事後確率はブートストラップ確率そのものである（なお，頻度論の p 値といっても表 4.1 の KH と LR がまったく異なるのと同じ意味で，ベイズの事後確率といっても表 4.1 の BP と BA は異なることに注

意しておく). 事後確率にも疑問があり, たとえば $\mathcal{H}$ の体積をゼロにしていけば $\alpha \to 0$ となるが, それでも y が $\mathcal{H}$ に近い場合には信頼度が高くなるべきであるかもしれない. また Efron and Tibshirani (1998)[8] では $\partial \mathcal{H}$ の曲率によって事前分布を調整して事後分布が近似的に α' と一致するような, いわゆる matching prior を議論している. このような頻度論とベイズの関連がヒントになると思えるが, 単に計算法の問題というより原理的なところで未だ合理的な推測の方法論が確立されてない. 現実のデータ解析では不完全な方法論をうまく運用することにより有用な情報を引き出しているものの, 方法論のさらなる検討が必要だろう.

参考文献

[1] H. Akaike, A new look at the statistical model identification, *IEEE Transactions on Automatic Control*, Vol. 19, pp. 716–723, 1974.

[2] 赤池弘次, 情報量規準 AIC とは何か–その意味と将来への展望, 数理科学, No. 153, pp. 5–11, 1976.

[3] 赤池弘次, 統計的検定の新しい考え方, 数理科学, No. 198, pp. 51–57, 1979.

[4] 赤池弘次, モデルによってデータを測る, 数理科学, No. 213, pp. 7–10, 1981.

[5] L. Breiman, Bagging predictors, *Machine Learning*, Vol. 24, pp. 123–140, 1996.

[6] J. E. Cavanaugh and R. H. Shumway, An Akaike information criterion for model selection in the presence of incomplete data, *Journal of Statistical Planning and Inference*, Vol. 67, pp. 45–65, 1998.

[7] B. Efron, Bootstrap methods: Another look at the jackknife, *The Annals of Statistics*, Vol. 7, pp. 1–26, 1979.

[8] B. Efron and R. Tibshirani, The problem of regions, *The Annals of Statistics*, Vol. 26, pp. 1687–1718, 1998.

[9] B. Efron, E. Halloran, and S. Holmes, Bootstrap confidence levels for phylogenetic trees, *Proceedings of the National Academy of Sciences of the United States of America*, Vol. 93, pp. 13429–13434, 1996.

[10] J. Felsenstein, Confidence limits on phylogenies: an approach using the bootstrap, *Evolution*, Vol. 39, pp.783–791, 1985.

[11] T. Fushiki, Bootstrap prediction and Bayesian prediction under misspecified models, *Bernoulli*, Vol. 11, pp. 747–758, 2005.

[12] T. Kanamori and H. Shimodaira, Active learning algorithm using the maximum weighted log-likelihood estimator, *Journal of Statistical Planning and Inference*, Vol. 116, pp. 149–162, 2003.

[13] H. Kishino and M. Hasegawa, Evaluation of the maximum likelihood estimate of the evolutionary tree topologies from DNA sequence data, and the branching order in Hominoidea, *Journal of Molecular Evolution*, Vol. 29, pp. 170–179, 1989.

[14] S. Konishi and G. Kitagawa, Generalised information criteria in model selection, *Biometrika*, Vol. 83, pp. 875–890, 1996.

[15] 小西貞則, 北川源四郎, 情報量規準, 朝倉書店, 2004.

[16] E. L. Lehmann, Testing multiparameter hypotheses, *Annals of Mathematical Statistics*, Vol. 23, pp. 541–552, 1952.

[17] M. D. Perlman and L. Wu, The emperor's new tests, *Statistical Science*, Vol. 14, pp. 355–381, 1999.

[18] A. K. Seghouane, M. Bekara and G. Fleury, A criterion for model selection in the presence of incomplete data based on Kullback's symmetric divergence, *Signal Processing*, Vol. 85, pp. 1405–1417, 2005.

[19] 下平英寿, モデルの信頼集合と地図によるモデル探索, 統計数理, Vol. 41, pp. 131–147, 1993.

[20] H. Shimodaira, A new criterion for selecting models from partially observed data, in P. Cheeseman and R. W. Oldford eds., *Selecting Models from Data: AI and Statistics IV*, chapter 3, pp. 21–30, Springer-Verlag, 1994.

[21] H. Shimodaira, An application of multiple comparison techniques to model selection, *Annals of the Institute of Statistical Mathematics*, Vol. 50, pp. 1–13, 1998.

[22] H. Shimodaira, Improving predictive inference under covariate shift by weighting the log-likelihood function, *Journal of Statistical Planning and Inference*, Vol. 90, pp. 227–244, 2000.

[23] H. Shimodaira, Multiple comparisons of log-likelihoods and combining nonnested models with applications to phylogenetic tree selection, *Communications in Statistics, Part A–Theory and Methods*, Vol. 30, pp. 1751–1772, 2001.

[24] H. Shimodaira, An approximately unbiased test of phylogenetic tree selection, *Systematic Biology*, Vol. 51, pp. 492–508, 2002.

[25] 下平英寿，モデル選択 — 予測・検定・推定の交差点，統計科学のフロンティア，3巻，情報量規準によるモデル選択とその信頼性評価，pp. 1–76，岩波書店，2004.

[26] H. Shimodaira, scaleboot: Approximately unbiased p-values via multiscale bootstrap, 2006. (R package is available from CRAN and `http://www.is.titech.ac.jp/~shimo/`).

[27] H. Shimodaira, Testing regions with nonsmooth boundaries via multiscale bootstrap, *Journal of Statistical Planning and Inference*, 2007.

[28] H. Shimodaira and M. Hasegawa, Multiple comparisons of log-likelihoods with applications to phylogenetic inference, *Molecular Biology and Evolution*, Vol. 16, pp. 1114–1116, 1999.

[29] 杉山将，共変量シフト下での教師付き学習，日本神経回路学会誌，Vol. 13, pp. 111–118, 2006.

[30] 竹内啓，情報統計量の分布とモデルの適切さの規準，数理科学，No. 153, pp. 12–18, 1976.

[31] 竹内啓，AIC基準による統計的モデル選択をめぐって，計測と制御，Vol. 22, pp. 445–453, 1983.

第II編 索引

■欧文■
ABIC 68, 91
AIC 52, 58, 61, 63–65, 70, 71, 75, 79, 82–84, 110, 118, 133, 138, 139
　——のバラツキ 65, 141–143, 147
AR 75, 93, 101
ARMA 74
ARMAX 96

BAYTAP-G 92
BIC 67, 85

CDMA 112, 127–129

EIC 87
EM アルゴリズム 140

FPE 80

GIC 66, 86, 138

KH 検定 (Kishino–Hasegawa test) 145, 149
KL 情報量 80, 81
KL ダイバージェンス 63, 66, 70
k 次拡大情報源 117

MA 75
MDL 52, 68–71, 75, 118
More is different 111
MPM 128, 130

M 推定量 87, 138

NIC 66

OBS 100

p 値 143, 149, 152, 153
　不偏な—— 151

SH 検定 (Shimodaira–Hasegawa test) 150

TIC 85, 136, 138, 139

z-値 152

■ア行■
赤池情報量規準 52, 61, 83, 110, 134

異常値 94
イジングスピン 120
一意復号可能 115
一致性 65, 83
一般化情報量規準 (GIC) 66, 86, 138

エネルギー 112
エントロピー 110, 113–115, 117, 118

■カ行■
回帰モデル 53
回帰問題 53

階層的な統計的モデル 55
階層モデル 65, 71
海底地震計 100
学習 77
仮説検定 144
カノニカル分布 112, 114, 115
カルバック–ライブラー (KL) ダイバージェンス 56, 63, 66, 70, 117, 134
カルバック–ライブラー (KL) 情報量 80, 81
カルマンフィルタ 93

気圧効果 95
機械学習 57
擬距離 56
記述長最小規準 (MDL) 69
記述符号長 69
季節調整法 90, 93
帰無仮説 146
強磁性体 119
共変量シフト 141
曲率 152

クラフトの不等式 116
クラメル–ラオ 73, 75
クロスエントロピー 56
訓練誤差 58, 69

経験損失 58
経験分布 148
経験分布関数 86
系統樹 142
欠測値 94
検定 149, 150

降雨効果 96
混合正規分布 73, 94

■ サ行 ■
最小記述長規準 52
最尤推定 137
最尤推定量 56, 71, 82, 135

時空間フィルタリング 105

時系列 55, 92
時系列モデル 53
事後確率 67, 146, 150, 153
事後分布 138
磁石 124
地震 93, 95, 97–99
次数の一致性 83
事前分布 138, 153
自発磁化 119, 120, 124
シャノン 68
自由エネルギー 114, 118
修正 AIC 85
条件付確率 57
状態空間モデル 92, 105
情報圧縮 68
情報幾何 56
情報源 115
情報量 110
情報量規準 79, 84
情報理論 68

錐 153
スケーリング理論 126
スケール変換則 152
スピン 119

正則化法 87
正則モデル 71

相互作用 111
相対エントロピー 135
相転移 119, 120, 126
損失関数 57, 66

■ タ行 ■
大規模パラメトリックモデル 90
対称性 121
代数幾何学 76
対数損失 57, 59
対数尤度 81, 82, 134, 138
多重性 149
多層パーセプトロン 54
多体問題 110

地下構造探査 100

地下水位データ　93
逐次推定　77
逐次モンテカルロ法　93
中心化　149
中心極限定理　75
潮汐効果　96
超パラメータ　91
直接波　101

伝播経路のモデル　101

統計的汎関数　86
統計的モデリング　79, 90
統計的モデル　53, 55, 90
　——の評価　80
統計力学　110, 115, 118, 126
到着時刻　102
到着時刻差　104
到着時点差　104
同定可能性　72
特異構造　72, 75, 76
特異性　71, 119
特異分布　68, 72
特異分布族　72, 73
特異モデル　71, 75, 77
独立同一分布抽出　111
トレードオフ・パラメータ　91
トレンド　92, 94, 95

■ナ行■
内部エネルギー　114

ニューラルネットワーク　54

ネスト　144, 146
熱平衡状態　113, 115, 120
熱浴　112

ノンネスト　145, 146

■ハ行■
バイアス　79, 82, 150–152
バギング法　140
汎化誤差　58, 59, 62
汎化損失　58

反射波　101

非線形回帰　53
非線形・非ガウス型状態空間モデル　93
ビット誤り率　128
頻度論　133, 153

フィッシャー情報行列　61, 70, 71, 73, 125, 136
フィッシャー情報量　69, 83
ブートストラップ　137
ブートストラップ確率　150, 152, 153
ブートストラップ情報量規準　87
ブートストラップ法　87, 88, 133, 140, 148
負荷　130
復調　128
符号化　68, 69, 115
符号長　69, 115
符号付距離　151
伏見–テンパリー模型　120
不偏な p 値　151
フルモデル　145
分散減少法　88

平均対数尤度　81
平均符号長　115
ベイズ型情報量規準 (ABIC)　67, 91
ベイズ決定理論　128
ベイズ推論　67
ベイズ法　87, 138
ベイズモデリング　89, 90
ベイズ予測分布　139
ペナルティ付き最尤法　87
ペナルティ付きの二乗誤差規準　91
変調　127

補助統計量　65

■マ行■
マルチスケール・ブートストラップ法　152
マルチユーザ復調　129

モデル選択　55

——の検定　145, 149, 150

■ヤ行■
尤度統計量　71
尤度比検定　144, 145

予測の視点　80
予測分布　137

■ラ行■
臨界温度　119

Memorandum

Memorandum

著者紹介

赤池 弘次（あかいけ ひろつぐ）
統計数理研究所 名誉教授

甘利 俊一（あまり しゅんいち）
理化学研究所 栄誉研究員

北川 源四郎（きたがわ げんしろう）
東京大学 数理・情報研究センター
特任教授

樺島 祥介（かばしま よしゆき）
東京大学大学院 理学系研究科 教授

下平 英寿（しもだいら ひでとし）
京都大学大学院 情報学研究科 教授

編者紹介

室田 一雄（むろた かずお）
統計数理研究所 特任教授

土谷 隆（つちや たかし）
政策研究大学院大学 政策研究科
教授

赤池情報量規準 AIC
——モデリング・予測・知識発見

Akaike Information Criterion AIC
——Modeling, Prediction and Knowledge Discovery

2007年 7月15日 初版1刷発行
2021年 5月 1日 初版7刷発行

著　者	赤池弘次 ©2007 甘利俊一 北川源四郎 樺島祥介 下平英寿
発行者	南條光章
発行所	共立出版株式会社 東京都文京区小日向 4-6-19 電話　東京(03)3947-2511 番(代表) 郵便番号 112-0006 振替口座 00110-2-57035 URL www.kyoritsu-pub.co.jp
印　刷	加藤文明社
製　本	ブロケード

検印廃止
NDC 417, 007.6
ISBN 978-4-320-12190-4

一般社団法人
自然科学書協会
会員

Printed in Japan

JCOPY ＜出版者著作権管理機構委託出版物＞
本書の無断複製は著作権法上での例外を除き禁じられています．複製される場合は，そのつど事前に，出版者著作権管理機構（ＴＥＬ：03-5244-5088，ＦＡＸ：03-5244-5089，e-mail：info@jcopy.or.jp）の許諾を得てください．

編集委員：白鳥則郎（編集委員長）・水野忠則・高橋 修・岡田謙一

未来へつなぐデジタルシリーズ

❶ インターネットビジネス概論 第2版
　片岡信弘・工藤 司他著‥‥‥208頁・定価2970円
❷ 情報セキュリティの基礎
　佐々木良一監修／手塚 悟編著 244頁・定価3080円
❸ 情報ネットワーク
　白鳥則郎監修／宇田隆哉他著‥208頁・定価2860円
❹ 品質・信頼性技術
　松本平八・松本雅俊他著‥‥‥216頁・定価3080円
❺ オートマトン・言語理論入門
　大川 知・広瀬貞樹他著‥‥‥176頁・定価2640円
❻ プロジェクトマネジメント
　江崎和博・髙根宏士他著‥‥‥256頁・定価3080円
❼ 半導体LSI技術
　牧野博之・益子洋治他著‥‥‥302頁・定価3080円
❽ ソフトコンピューティングの基礎と応用
　馬場則夫・田中雅博他著‥‥‥192頁・定価2860円
❾ デジタル技術とマイクロプロセッサ
　小島正典・深瀬政秋他著‥‥‥230頁・定価3080円
❿ アルゴリズムとデータ構造
　西尾章治郎監修／原 隆浩他著 160頁・定価2640円
⓫ データマイニングと集合知 基礎からWeb,ソーシャルメディアまで
　石川 博・新美礼彦他著‥‥‥254頁・定価3080円
⓬ メディアとICTの知的財産権 第2版
　菅野政孝・大谷卓史他著‥‥‥276頁・定価3190円
⓭ ソフトウェア工学の基礎
　神長裕明・郷 健太郎他著‥‥202頁・定価2860円
⓮ グラフ理論の基礎と応用
　舩曳信生・渡邉敏正他著‥‥‥168頁・定価2640円
⓯ Java言語によるオブジェクト指向プログラミング
　吉田幸二・増田英孝他著‥‥‥232頁・定価3080円
⓰ ネットワークソフトウェア
　角田良明編著／水野 修他著‥192頁・定価2860円
⓱ コンピュータ概論
　白鳥則郎監修／山崎克之他著‥276頁・定価2640円
⓲ シミュレーション
　白鳥則郎監修／佐藤文明他著‥260頁・定価3080円
⓳ Webシステムの開発技術と活用方法
　速水治夫編著／服部 哲他著‥238頁・定価3080円
⓴ 組込みシステム
　水野忠則監修／中條直也他著‥252頁・定価3080円
㉑ 情報システムの開発法：基礎と実践
　村田嘉利編著／大場みち子他著 200頁・定価3080円

㉒ ソフトウェアシステム工学入門
　五月女健治・工藤 司他著‥‥180頁・定価2860円
㉓ アイデア発想法と協同作業支援
　宗森 純・由井薗隆也他著‥‥216頁・定価3080円
㉔ コンパイラ
　佐渡一広・寺島美昭他著‥‥‥174頁・定価2860円
㉕ オペレーティングシステム
　菱田隆彰・寺西裕一他著‥‥‥208頁・定価2860円
㉖ データベース ビッグデータ時代の基礎
　白鳥則郎監修／三石 大編著 280頁・定価3080円
㉗ コンピュータネットワーク概論
　水野忠則監修／奥田隆史他著‥288頁・定価3080円
㉘ 画像処理
　白鳥則郎監修／大町真一郎他著 224頁・定価3080円
㉙ 待ち行列理論の基礎と応用
　川島幸之助監修／塩田茂雄他著 272頁・定価3300円
㉚ C言語
　白鳥則郎監修／今別府編集幹事・著 192頁・定価2860円
㉛ 分散システム 第2版
　水野忠則監修／石田賢治他著‥268頁・定価3190円
㉜ Web制作の技術 企画から実装,運営まで
　松本早野香編著／服部 哲他著 208頁・定価2860円
㉝ モバイルネットワーク
　水野忠則・内藤克浩監修‥‥‥276頁・定価3300円
㉞ データベース応用 データモデリングから実装まで
　片岡信弘・宇田川佳久他著‥‥284頁・定価3520円
㉟ アドバンストリテラシー ドキュメント作成の考え方から実践まで
　奥田隆史・山崎敦子他著‥‥‥248頁・定価2860円
㊱ ネットワークセキュリティ
　高橋 修監修／関 良明他著‥272頁・定価3080円
㊲ コンピュータビジョン 広がる要素技術と応用
　米谷 竜・斎藤英雄編著‥‥‥264頁・定価3080円
㊳ 情報マネジメント
　神沼靖子・大場みち子他著‥‥232頁・定価3080円
㊴ 情報とデザイン
　久野 靖・小池星多他著‥‥‥248頁・定価3300円

＊続刊書名＊
可視化
コンピュータグラフィックスの基礎と実践
ユビキタス・コンテキストアウェアコンピューティング

（価格，続刊書名は変更される場合がございます）

【各巻】B5判・並製本・税込価格　　共立出版　　www.kyoritsu-pub.co.jp